Ernst Beyeler
LA PASSION DE L'ART

貝耶勒傳奇
——巴塞爾藝博會創辦人的藝術世界

莫里 Christophe Mory——著
李淑寧——譯

CONTENTS

作者序

貝耶勒與莫里的藝術對話

他是王子——

他不只是王子，他更是塵世凡人。

莫札特 | Wolfgang Amadeus Mozart

《魔笛》第二幕 | *La Flûte enchantée cacte II*

我和貝耶勒的訪談筆記，以《貝耶勒傳奇》（*La passion de lárt*）為名於2003年付梓成書，萬萬沒有想到這本書會受到這麼大的迴響。《貝耶勒傳奇》被譯成義大利文和德文，讀者中有現代藝術的專家，也不乏想知道更多有關藝術的普羅大眾，其中不少是年輕學子，熱愛畢卡索（Pablo Picasso）、康丁斯基（Wassily Kandinsky），這些藝術家對年輕讀者們，形同心靈上的親密家人。

自《貝耶勒傳奇》出版後，貝耶勒一直希望能在書上提到某個名字，解釋某個情況，並且詳述幾個他所關心的話題，比方說畫展裡畫作的擺掛。再版的《貝耶勒傳奇》的書中也收錄一些珍貴的照片，更能描繪貝耶勒的話，表達他的想法。

貝耶勒是如何從一無所有，逐漸累積了全球最美的現代藝術收藏之一？他是如何以獨到的藝術品味與自信，擁有如此珍貴的典藏？他是如何在眾多的藝術作品中，挑選極品中的極品？

我想知道有關貝耶勒的一切，他是如何安排擺掛作品、交換畫作、他和藝術機構的合作關係，甚至於他和金錢之間複雜難理的關係，更重要的是他和著名畫家畢卡索、賈克梅第（Alberto Giacometti）、羅斯科（Mark Rothko）、馬克・托比（Mark Tobey）的交情。我也想知道貝耶勒如何在五十年之間，讓位於萊茵河畔的寧靜小城巴塞爾，成為國際知名的現代藝術重鎮，每年舉辦的巴塞爾藝術博覽會（Art Basel），吸引世界各地的人前往參觀，近年來更將觸角拓展到美國，定期在邁阿密舉辦巴塞爾藝術博覽會。

生活在時代的脈動，積極籌劃，同時以開放的眼光探索未來，正是貝耶勒多年來的一貫作風。

貝耶勒多年的藝術生涯，鮮少接受訪問，少數幾次公開露面，是介紹貝耶勒美術館的典藏，當建築師皮亞諾（Renzo Piano）設計建造的建築作為貝耶勒美術館的新館址時，曾親自做過一、兩次導覽，再者是在德國法國合作的公共電視 Arte，播出兩集追懷法國導演克勞德・貝里（Claude Berri）

的一部電影裡曾接受訪問。除了回憶、想法、不為人知的小故事,貝耶勒不知不覺中流露出平衡人生的真性情:他一生認真工作,熱愛大自然、運動、孤寂、友誼……

貝耶勒常津津樂道的是他的姓氏貝耶勒(Beyeler),在德文是養蜂者的意思。他說:「這是個很美的字。蜜蜂採集美麗的花蜜,變成蜂蜜。多年來我一直想延續這個傳統,也就是採集美術館的蜂蜜,也就是最精華的部分。」貝耶勒多年來始終是那個簡樸的人,熱愛他生長的國家、他的划船協會、故鄉巴塞爾。當然還有他最熱愛的藝廊畫展,是他熱情與辛勤工作的結晶。他說:「工作使人快樂,這道理到哪兒都一樣。這不是祕密。」

貝耶勒的家在一個安靜的住宅區,非常簡單,院子前面可見水泥鋼筋建造的教堂,當地人稱之為麥田聖母院。貝耶勒在這個簡樸的房子,一住就是五十年。貝耶勒說:「我們剛搬來這兒時,還是一片大自然的景觀,很少住家,現在當然不一樣了。不過我只要再往上走一些,就是在一片蓊鬱的森林之中。」他家中唯一的奢侈品,就是院子裡的游泳池。水對貝耶勒是生活中不可缺少的元素,他一向喜歡徜徉於水波之間,盡可能在自家裡游泳,還有他多年來摯愛如第二個家庭的划船協會,他笑說他在划船協會還不是最資深的。

貝耶勒和我在他家中小巧的餐廳共進午餐，我們面對的是一幅德國藝術家亞伯斯（Josef Albers）的畫作。貝耶勒的家，完全稱不上氣派豪華。我經過浴室、廚房、客廳繞了一圈，只看到幾幅還不在貝耶勒美術館典藏名單中的畫作。貝耶勒表示：「家裡空間不大。」所以貝耶勒家裡掛的都是重要畫作，必須經過時間的考驗。一幅畫我們一看再看，會失去新鮮感。當我們再也不看那幅畫一眼，那表示畫作失去了時代感，不夠現代。米羅（Joan Miró）的《陽光擁抱戀愛中的女人》（*l'Étreinte du soleil à l'amoureuse*）掛在玄關的電話上面，而客廳進門的左側，掛著康丁斯基的《即興畫作十號》（*Improvisation 10*）。家中的牆上仍留有一些釘子，表示之前曾掛著畫作。貝耶勒說：「在美術館還沒成立之前，家裡到處都是畫作。」貝耶勒的哥哥早逝，遺有兩名幼女，貝耶勒和妻子希爾蒂（Hildy）就是在這個家將兩個姪女扶養長大。兩個姪女如今都長大成人，結婚生子，一個住在紐約，一個住在巴塞爾，其中一個姪女甚至升格為祖母。貝耶勒覺得自己是曾祖父級，非常開心，彷彿人生旅程快速向前了許多。貝耶勒一向迷戀速度。

在甜點時刻，我不禁說：「您從來都沒有錢過。」

他回問：「您的意思是？」

我說：「您從來沒真的有錢過。過去您的確賺了很多錢，不過賺來的錢都拿去還藝廊的債務，或是拓展您的藝術收藏，成立了貝耶勒美術館。您經手數百萬美元，卻沒有從中獲得利潤。您在 1980 年代賺了不少錢，您當時六十多歲，很接近退休的年紀了。您卻在快退休的年紀實現了您的夢想，成立了貝耶勒基金會美術館。我這麼說對不對？」

他聽完靜默，對著我笑。

我們繼續閒聊著，我們談起詩。貝耶勒開始吟頌德國抒情詩人克洛帝歐斯（Matthias Claudius）及賀德林（Friedrich Hölderlin）的詩句，可惜我當時沒有把這段朗誦錄音下來。童年時朗誦的詩，對長大後的夢想有莫大的影響。

貝耶勒環顧著家中空白的牆，也只有他才見識過昔日牆上盡是名畫的輝煌景象。他把最美的珍藏捐給美術館，卻感到無比富有。他突然跟我說：「來，我現在要讓您看看偉大的曠世巨作。」他推開門進到音樂室裡，優美的平台鋼琴赫立其中，重點並不是鋼琴，而是滿室整齊排掛的水彩畫作。貝耶勒微笑著，臉上流露著自嘲和驕傲的表情。

他之前所說的曠世巨作，指的是他自己親筆的水彩畫作，二十多年來，他以恩斯特．保羅（Ernst Paul）的藝名所創作的水彩畫。他逗趣的樣子讓我很開心，於是請他一一講解每幅水彩畫。沒有錄音，也沒有筆記。貝耶勒一派輕鬆，談起他在希臘的房子。他每年夏天會待在希臘的房子三個星期，那裡的陽光和海也似藍的色調，美到極致，一定要仔細品味才能畫出如此的意境。白天的藍天、夜裡的星空、璀璨的陽光……他望著幾幅仍未裱框的水彩畫，坦白說：「還是不要畫陽光的好……」

一位傑出的藝術經紀人必須懂藝術，同時也要了解市場。貝耶勒的成功來自於靈敏的直覺，巧妙結合藝術和市場的天賦，泰然自若悠遊於藝術和市場之間。但真正激發他的動力在於舉辦藝術展和畫作的掛置。他喜歡結集不同的畫作，將畫作串連在一起。貝耶勒既非專精於藝術的美術館專家，也非商人，他是藝廊經理人，如同樂團的指揮，他扮演著線條和諧與色彩搭配的靈魂人物。貝耶勒美術館就像是經典的美術交響樂。有位義大利的記者曾這麼跟我形容貝耶勒：「有些藝術經紀人運用畫作賺了很多錢，而有些很罕見的藝術經紀人，則是運用錢發展藝術。貝耶勒兼具這兩派的特色。」的確如此，形容得十分貼切。

貝耶勒並不創作，卻懂得以專業的權威，剛柔並濟，詮釋一切。他的溫柔敦厚、高度的好奇心，以及他迷人的風采，代表的是低調謙遜的優雅世代，屬於擁有如樂團指揮而非專業經理人的美好世代。

在我和貝耶勒訪談交流期間，他讓我明白樸實和寧靜的真諦。在傳真、電子郵件和手機充斥的時代，新聞二十四小時輪播，急切的股市行情走勢，世界局勢的紛擾不安；在強調發展和成長的急功好利氛圍下，他在森林裡漫步，悠遊於水的世界，凝視畫作，傾聽大自然。即使藝術市場愈來愈複雜，畫作背後所涉及的金錢因素愈來愈強大，他仍在這激烈的競賽中。在藝術界打滾數十年，什麼大風大浪他沒見過，他曾有官司訴訟，也曾嚐過失敗的苦果。他懂得結合競爭心理和生活的藝術。他大力推倡環保意識並不只局限於對自然環境的保護，同時也延伸到對時間的敬重，單純地品味著屬於個人生活點滴的過往時間。藝術創作的生命可以無限地傳承下去，但人的生命卻是有限的。2008 年 7 月，貝耶勒的妻子希爾蒂辭世，他陷入痛失愛妻的深淵。《貝耶勒傳奇》再版之際，我誠摯將此書獻給這不可或缺的親密情誼。

巴塞爾老市區的包姆蘭街九號，這是當年史洛斯先生開的書店，給了年少的貝耶勒生平第一份工作，引導貝耶勒進入藝文的領域。史洛斯病逝後，貝耶勒買下書店，逐步轉型為藝廊。貝耶勒說：「當時我們有不少雕刻版畫，我心想賣這些版畫比賣書還容易。」

1

從書店到藝廊

故事從書店開啓。
法國學者及小說家奧森納 | Erick Orsenna
《殖民展覽》*L'Exposition coloniale*

莫里：「我們現在正在您待了六十年的房子裡，您就在這房子開始您的職涯，爾後在國際藝術圈嶄露頭角？」

貝耶勒：「是的，我從來沒離開這小巧的房子。您看到對面那所學校，就是我唸的高中。也是在這裡我開始生平第一份工作，那個年代國際藝術圈根本不知道巴塞爾。將近六十年後，我還在原來的老房子裡。這房子是故事的開端，這房子當年乏人問津，一位名叫奧斯卡・史洛斯(Oskar Schloss)的先生，向市政府租借這房子，開了家書店。」

這一切是如何開始的？

我第一次遇到奧斯卡・史洛斯先生時，他已經六十二歲了。史洛斯先生出生於德國沃爾姆斯(Worms)的猶太家庭，家族從事葡萄酒釀製與買賣，因此他經常四處旅行銷售自家的葡萄酒。史洛斯生性浪漫，熱愛書籍，尤其是當年剛發行的有黃色封面的口袋型書籍。愛書成迷的史洛斯總是書不離手，有次他讀到有關佛學的書，毅然決定皈依佛教，從此無法再繼續銷售葡萄酒。於是他跟家人商量，取得他應得到的遺產，在慕尼黑（Munich）買了一塊地，蓋了房舍，其中包括一間佛室，自己種植蔬菜植物，過著自給自足的生活。有一天，他把所有的房子都賣了，打算結束在德國的一切，到錫蘭的一間寺院過著隱居生活。

史洛斯先生是如何輾轉來到巴塞爾？

這個故事的後續發展有幾個不同版本。大約的情形是，史洛斯先生到錫蘭前行經瑞士，在瑞士停留一段時間，有天去滑雪不慎受傷摔斷腿，在醫院接受治療時，愛上了照顧他的護士。腿傷恢復後，他選擇隱居在盧卡諾（Locarno）後山的泰森（Tessin）山區。當時是 1934 年，希特勒下令禁止資金匯出，尤其禁止匯錢到猶太人經營的公司。因為這條禁令，史洛斯失去了他賣掉慕尼黑房子和土地所得到的錢，隻身在瑞士而且身無分文，只好再找工作餬口。由於早就不在葡萄酒這個行業，史洛斯只好找其他的工作機會。他遇到一名也是德國難民的洛柏博士（Loeb）。洛柏博士原本在法蘭克福有家出版社，於是請史洛斯在巴塞爾替他工作。故事的一些細節不是很重要。史洛斯對書店這行業十分陌生，卻有著靈敏的嗅覺。史洛斯的書店以文學和哲學的書籍為主，並且擁有原版的古書冊，當然佛教文學佔有一席之地，除此之外，也兼賣版畫和素描。

您當年也不太懂文學？

我本身讀的是商科，但是我一點興趣都沒有。我對商科專業興趣缺缺，而且我急著想找工作。我熱愛我出生長大的城市和周遭的一切。當年我在划船協會有不少好朋友，這麼多年了我們還是好朋友。我一直都喜愛運動和大自然，所以實在沒有什麼好抱怨的。我當時想，幫史洛斯先生工作一定能學到很多東西。

當年促使您這麼做的動機是什麼？有份薪水可以經濟獨立？

我當年在尋找適合自己的路，也就是說在各方面都能滿足我的職業。當年我還不知道自己想從事哪個行業，有點隨緣再看著辦。當時有位朋友跟我提議去見史洛斯先生，在他的書店工作，我一口就答應了。我對工作的環境很熟悉，我的學校就在書店的對面，所以一切就順其自然。史洛斯要求我做的工作包括寫信給各地的圖書館問他們有無需要買書，還有就是維護書本的品質。除此之外，就是多閱讀，才能更了解書店這一行。

您在書店工作的幾年學到了什麼？

史洛斯先生教了我一個很簡單的道理，我一直覺得很受用。他有隻聖伯納犬，非常懶惰，甚至懶得吃。那隻聖伯納情願餓死也不願費勁去狗盤吃東西。史洛斯先生養了一隻貓，這隻貓常偷吃聖伯納的食物，激起這隻懶狗一看到貓要搶食，就馬上跳起來捍衛自己的食物。這是個重要的人生哲理。多數的人認為藝術畫作並非必要，何必急著去搶購哪個畫作？所以每一幅畫作，我都會試著另外找買家以提高競爭。如果只是憑空創造第二個買家，一點都不會激起買氣。所以每幅畫作，當真的有第二個買家出現時，第一位買家很容易就感覺到有競爭對手，毫不猶豫就買下。所以每幅畫作，我都會努力找到一隻貓。

大戰期間開書店賣書應該不太容易？

當年不少德國難民把不少珍貴的書冊、版畫、畫作帶到瑞士。因此史洛斯的書店裡有不少瑞士境內沒有的珍藏。史洛斯的書店不刻意招攬客戶，而是客戶因為喜歡而找上門。個性內向害羞的史洛斯，一旦感受到來買書的對象對某個主題有興趣，他就會敞開心房談起來。他是個懂書又通曉藝術的文雅人士。

可否形容一下您當年在書店工作時遇到的客人？

大多是巴塞爾本地人，有律師、醫師，當然不少是大學教授。城堡書店（史洛斯 Schloss 在德文是城堡的意思）以書籍的品質和特別藏書出名。

史洛斯先生是否對您當年找到自己的路有很大的幫助？

當然，我非常感謝他，我受益良多。我當年是晚上工作，我們經常花很長的時間討論文學、哲學、宗教。當年的我其實是很想去旅行流浪，去看看世界，到非洲旅行，但是我在這小小的書店裡也能神遊各地，也算是一圓旅行的夢想。

您在書店工作那段時間，快樂嗎？

我很熱愛我的工作，但我並不快樂。當時正值大戰期間，雖然我們並沒有直接受到戰爭的摧殘，但是日常生活還是受到戰事的影響，非常艱苦。史洛斯先生每天都得知在德國的哪位親人又失蹤了，讓他心情十分低落，他非常擔心家人和朋友的安危。自從希特勒執政後，十多年間史洛斯默默承受著無形的壓力，令他身心俱疲。1945 年 4 月，史洛斯先生心臟病發，離開人世。

史洛斯先生死後，書店可能遭逢關閉的命運。您當年是不是早就打算承接史洛斯書店呢？

完全沒有。史洛斯的繼承人要賣掉一切，舉家移居以色列。書店裡的一切都以低價清空。我們一直有忠實的客戶，對我而言，當時的確是個機會，但我覺得我無法全部接收這個書店，因為這是史洛斯的書店，他的藏書，並不完全符合我個人的興趣。因此我和史洛斯的繼承人提議接管部分書店的資產，分期付款，他們接受了我的提議，在秋天我們完成協議。

當時我們以極低價獲得到不少藏書，我也從布拉格買了好幾箱德國書店被沒收的書冊。當時在市面上出現不少很美的書冊，對多數人而言，這些美麗的書冊保存維護的費用十分昂貴。我自知沒有足夠的耐心，絕非掌管書店的最佳人選。但命運就是這麼奇妙，1945 年 12 月 1 日，我正式成為書店的主人。

所以一切很順其自然，很順利？

沒有。書店才開張，我就收到一家銀行的通告，前書店主人積欠了六千瑞郎，這在當時是一筆大數目，銀行限我一個月內還清。除了這筆欠款，我還得分期付款給史洛斯的繼承人。因此城堡藝術書店一開張就有幾千瑞郎的負債。當時的我年輕沒有經驗，而且默默無聞，但我必須想辦法讓負債歸零。

您當時書店裡有不少藏書？

沒錯，這些藏書的確幫了我不少忙。但是我急需現金還債。我只能說自己的運氣真的不錯，當年在划船協會裡有位長輩很欣賞年輕人創業打拚，應允資助我八千瑞郎，部分資金算借貸，我必須償還，另一部分資金做為發展書店的基金。我馬上還清史洛斯的債務，並且積極發展書店的業務，增加書店的銷售業績。要提高業績，必須要懂得如何展示商品。我們當時有不少雕刻版畫和日本版畫。我心想，賣版畫比賣書還容易，而且我發現私人收藏中不少美麗的日本版畫。於是 1947 年，我把書店裡的書架蓋上布幕，舉辦了生平第一次的展覽。當時我其實還是門外漢，但覺得自己眼光不錯，請一些藏家把他們最美的珍藏借我展出。這次的藝展非常成功，參觀者喜愛所有展出的藝品，而且價格合理。

那為什麼不再朝日本版畫發展呢？

生平第一次辦展經驗，讓我真的了解到要在這個行業立足，專業是先決條件，也就是要了解版畫，也得了解日本文化。在這方面的專家們常有熱烈的討論，但很少同意對方的看法，專家們意見分歧的結果，最後是由我這個藝術經紀人來決定誰的看法才對。如果真的要認真行事，必須由行家來評估鑑定才對。而我只是個業餘的藝術愛好者，沒有專業背景。我當時也辦了其他的藝展，尤其展示杜勒（Albrecht Dürer）和林布蘭（Rembrandt）的版畫，隔年舉辦的非洲藝術展和伊朗藝術展，都讓我深刻的體認到：在這個行業，專業實在太重要了。

您自覺在藝術領域的專業知識不足，那為什麼還是決定離開書店的本業呢？

我覺得自己的自制力不夠，常浪費很多時間在書本上。當時我的書店裡有珍藏版、古典版、首版的書籍，我總是想閱讀所有的書，常常花很多時間在閱讀上，忘了時間。我很快就察覺，再這樣下去，我將一事無成。當然長期的閱讀，會使人的知識和心靈更上一層樓，對我個人而言是豐富而深刻的人生經驗；但精神上的富足，可能讓我入不敷出，填不飽肚子。我沒有文學的專業，但我愛埋首細讀哥德（Goethe）和席勒（Schiller）的古典名著。

所以兩年間您了解到您想要學的技能和專業是什麼。接著您需要的是尋找某個時期或是某種畫派的作品。

我試著展示瑞士最傑出的藝術家，例如奧柏裘諾（René Victor Auberjonois）、古柏勒（Max Gubler）、柏格（Hans Berger）、霍德勒（Ferdinand Hodler）、艾密耶特（Cuno Amiet）的作品，同時也展出巴塞爾幾位剛起步年輕畫家的作品，我定期拜訪他們的畫室。當時我借到一些畫作展出，不過那時畫很難賣。當年社會大眾對現代藝術還半信半疑，總覺得現代藝術很難通過時間的考驗，不易保值。因此展出高品質的畫作而非名氣作品，對我十分重要。我還在尋找自己了解而且有把握的時期畫派，好好深耕。我曾展出羅特列克（Henri de Toulouse-Lautrec）、畢卡索的版畫和素描。1951 年我從巴黎和瑞士借到一些畫作，在我的藝廊舉辦了第一次的畫展，展出的作品包括波納爾（Pierre Bonnard）、雷諾瓦（Pierre-Auguste Renoir）、畢卡索、馬諦斯（Henri Matisse）的作品。

那書店裡的藏書呢？

我逐漸清出書店裡的書冊，書店裡四面牆空無一物，對我而言，腦子裡已經有不少掛畫展示的計畫了。除此之外，從書店轉為藝廊，我把新的藝廊取名為「藝術城堡」(Château d'art)藝廊。

巴塞爾國際藝術展，每年吸引無數來自全球的藝廊家和藝術收藏家參觀，是貝耶勒一生引以為傲的成就之一，他甚至親自打點畫作的擺置。照片為1987年6月10日貝耶勒和歐布萊特正在研究如何擺掛恩斯特（Max Ernst）1944年的畫作《國王與王后嬉戲》（*Le Roi jouant avec la Reine*）。

2

巴塞爾成功的藝廊經理人

莫里：所以您當時算是無往不利，不過謙虛點想，這只能算是小格局的成功，畢竟您當年的成就僅局限於人口只有二十萬的巴塞爾。當初您曾考慮過在別的地方發展嗎？

貝耶勒：巴塞爾是個迷人的城市，但對藝術圈卻是個十分陌生的名字，不像蘇黎世早有不少的藝術經紀人和收藏家。當時我認為到藝術重鎮如巴黎、倫敦或是紐約發展的時機還不成熟。但是我知道遲早有一天，我必須認真考慮是要留在巴塞爾還是到別的地方發展，我心裡早有準備。

其實巴塞爾很早就有國際色彩，應該說還流傳著幾世紀前各國主教集會的精神。因基督教世界不同教派對於「和子理論」(filioque)[1] 的爭議，西元 1431 至 1437 年之間，各地主教雲集於巴塞爾，開會討論界定天主教義與東正教義，使當時的巴塞爾成為蜚聲國際的重鎮。著名的思想家與神學家伊拉斯謨(Erasme)對巴塞爾情有獨鍾，長居於此，不是沒有原因。巴塞爾位於風光明媚的萊茵河畔，在德國、法國、義大利交界之處，不論在知識的傳遞或是軍防駐紮，均具有地理策略的特性。羅馬帝國遠征古道必須行經巴塞爾，才能深入歐洲北部及英格蘭，拓彊闢土以壯大羅馬帝國的勢力。巴塞爾的大學，遠近馳名，培育無數來自各地的莘莘學子，學成後仍和巴塞爾保持緊密的關係。此地有濃厚的人文氣息。巴塞爾的歷史傳統和現況並不會阻礙我追求夢想。我當時想,如果我想往外發展,就是要讓外面的人能走向我。其實最簡單不過的理由就是,在巴塞爾我有很多好朋友,我的划船協會,離我家不到幾小時就是白雪覆蓋的美麗山景。我當時想,這裡的人事物是我內心深處平衡的要素,我又何必捨近求遠?

還有就是美術館……就是在那時您遇見了巴塞爾美術館館長喬治·史密特(Georg Schmidt)**?**

是的,和喬治·史密特的會面是決定性的契機。巴塞爾美術館是有史以來世界上第一個平民化的博物館。巴塞爾美術館早期即擁有霍爾班(Hans Holbein)作品和其他重量級的畫作典藏,卓越的館員在巴塞爾藝術中心舉辦了幾場成功的藝術展。當收藏家仍沉迷於收購荷蘭畫派或是印象畫派的作品時,巴塞爾卻於 1932 年舉辦了第一場畢卡索和布拉克(Georges Braque)聯合畫展。同年,巴黎著名的喬治柏蒂藝廊(Georges Petit)舉辦了第一場畢卡索畫作回顧展。巴塞爾於 1949 年舉辦了第一場莫內(Claude Monet)晚期的作品展。巴塞爾這小小的城市對藝術的興趣和品味,可見一斑。

喬治·史密特自 1936 年巴塞爾美術館新建築開幕即擔任

館長。喬治·史密特不追隨傳統，大膽購買現代藝術作品，例如荷蘭畫家蒙德里安（Piet Mondrian）的作品，並且以特別的貸款方式獲得幾幅德國頹廢藝術（art dégénéré）[2] 的畫作，免遭納粹的毒手。他獨到的眼光也影響了周遭的朋友對現代藝術的興趣，對他的藝術見解十分信任。銀行家拉何希（Raoul La Roche）初抵巴黎發展時在藝術圈仍不見經傳，日後累積了令人驚豔的收藏，尤其是立體畫派的作品，全歸功於一個年輕學生的建議：「一定要買現代藝術的作品。」拉何希很信任這位學生。這位學生之後帶給拉何希更多的畫作，購得德國藝術經紀人坎維勒（Kahnweiler）於 1921 年在巴黎賣出的畫作，這些畫作使拉何希日後成為立體畫派的收藏大戶。而這位默默無聞的年輕學生當時還叫本名尚納瑞（Jeanneret），即日後在建築和設計界聲名大噪的柯比意（Le Corbusier）。拉何希後來把珍藏的立體畫派作品捐給他的家鄉巴塞爾美術館。喬治·史密特則為美術館四處奔走，無論是授課、演講或是研討會，吸引更多人的注意。也因此史密特能從重量級的收藏家那裡借到一些經典的珍藏畫作，比方說夏卡爾（Marc Chagall）的《三名猶太教士》（*Trois Rabbins*）或是畢卡索的作品。他甚至再次挽救了不少德國的畫作。史密特在這藝術領域扮演著先鋒的角色，各地的藝術博物館長經常徵詢他的意見。

當年挽救頹廢藝術作品，如今看起來動機似乎不單純？

這段藝術史上令人傷心的過去結束很久了，很不幸的是仍有些人提起這段往事會用「偷畫」這樣的字眼。回想當年的情景，那些被納粹偷取或是沒收的藝術作品流落在市面上，我們很難知道哪些畫作是從美術館中流出或是遭沒收的私藏家收藏。即使多年後的今天仍很難斷定。唯一我們確定的是 1939 年在琉森(Lucerne)的那場大型拍賣，所有的作品都是來自藝術博物館。如果這些畫被棄之不顧，最終的命運就是被摧毀，或是被送回德國讓民眾洩恨，我們很可能就失去欣賞當年一些珍貴藝術創作的機會。

您本身似乎不擔心這些譴責的聲音？

有關康丁斯基的畫作《即興畫作十號》，我是在德國科隆向藝術經紀人莫勒(Ferdinand Moeller)買的。莫勒向我保證這畫作被列為頹廢藝術作品，所以漢諾威美術館決定割捨。這是莫勒挽救的很多畫作之一，他把這些畫作放在鐵盒裡，埋在自家花園裡。後來因為俄軍迫近，即將攻城，一旦俄軍攻進城後這些畫就完了，莫勒倉卒間把畫作從柏林搬到科隆。在偶然的機會裡，莫勒讓我看了這些畫作，其中一幅就是《即興畫作十號》，我一看到這幅畫，十分驚豔，馬上告訴他我要買這幅畫，但請求一個月的時間付款。我在一個月內籌得一萬八千瑞郎，莫勒要求的價碼。我當時並不知道，這幅畫在落到莫勒的手中之前，是私人的珍藏。

多年後，這位原本擁有《即興畫作十號》的珍藏家的兒子里希茲基（Jen Lissitzky）控告我明知道這幅畫的背景，卻利用當年特殊的情況擁有這幅畫。里希茲基先生在美國和一名買家協議賣出這幅畫，因此聘請私家偵探找到這幅畫的下落，打算帶到美國給買家成交。這幅畫除了里希茲基先生之外還有其他的繼承人，因此我收到一些律師寄來的威嚇信函。我和所有的繼承人會面，提議付賠償金（事實上依法我沒有必要這麼做），但我怎麼樣都無法割愛，這是我珍藏中重要的畫作之一。我很誠實地把購得這幅畫的來龍去脈都解釋清楚。這幅畫若不是莫勒，很可能被納粹摧毀，我從莫勒手中購得這幅畫，並細心保存。總而言之，幾經波折，我總算能保留這幅經典畫作。

可否請您多談一下這幅畫作？

其實一開始我並沒有掌握到這幅畫創作的時代背景，但觀察到這幅畫強烈的創作訴求。畫作右邊的線條和三個圓頂形狀，靈感很可能來自俄國的克里姆林宮。如果您看過目前在史圖加特美術館(Stuttgart)裡的《即興創作九號》(*Improvisation 9*),您會發現有相似風格,但仍有城堡、在山坡上騎馬的人等明顯圖像。但是十號不一樣,以奔放熱情的黃色開放式三角形為中心,擴散的形狀和線條。根據一張草圖,這幅畫很可能畫的是俄國的復活節。畫作左邊的三個弧線,可能是三個在墓碑的女人;一切以開啟的墓碑為中心發展的線條,像是墓碑爆發而開。從畫中一些細部的元素找出蛛絲馬跡,找尋畫中特有的意境,真是美。這幅畫以復活為題所構畫出的線條和色調,是這幅畫的靈魂,也是藝術史上最早期的抽象畫之一。我還記得在藝廊收到這幅畫時,馬上就掛起來。

您似乎一開始就對現代藝術十分著迷。可否告訴我們,哪幅畫作讓您驚嘆震撼,決定深入探索現代藝術?

有一幅畫作占據我整個思緒。1953 年我在米蘭,看了畢卡索的《格爾尼卡》(*Guernica*),全然的震撼,至今仍難忘。《格爾尼卡》代表藝術創作的全然信念,極致的表現。這幅畫裡涵蓋整個世紀的元素:水泥、鋼筋、媒體、收音機……令人喘不過氣,卻又如此重要。現代感的日光燈和太陽形成強烈的對比。我一眼就愛上這幅畫。對我而言,《格爾尼卡》是超越世紀的曠世巨作。在韓戰爆發時，畢卡索再次從畫中強烈的表達這股力量。在此之前，當1961年爆發反叛軍攻古巴的豬玀灣事件，畢卡索在隔年畫了《擄掠薩賓城姑娘》(*L'Enlèvement des Sabines*)[3]，我在日內瓦的諾門葛蘭茲藝廊(Norman Granz)買下這幅畫。畫中描繪出戰爭和男性以暴力殘害女性的意境。《格爾尼卡》畫裡的馬，象徵的是受難者，但《擄掠薩賓城姑娘》畫裡的馬卻象徵著死亡，是神話故事裡常見的主題。畫中最前面的女人，很顯然是遭凌辱，畫中表現出巨大的衝突和緊張，讓觀畫者甚至感受到這位受難的女性朝觀畫者的方向走來。整幅畫表達出戰事隨時爆發的氣氛。幸好這場戰爭避免發生了，但是畫中那緊張詭譎的氣氛卻永遠鮮明存在。因此2003年3月貝耶勒美術館舉辦的「表現主義」(Expressiv!)畫展，我們堅持發揚「格爾尼卡」的精神，表達我們的立場。2003年2月5日，在聯合國安理會召開會議之前一晚，我們將依《格爾尼卡》製成的飾毯放在會議室的入口。這特具意義的飾毯，是尼爾森·洛克菲勒(Nelson Rockefeller)於1985年送給聯合國的禮物。我們始終不明白的是，在看到畢卡索藝術創作裡強烈的反戰信念，當時美國的國務卿鮑威爾(Colin Powell)怎麼還能在安理會表明攻打伊拉克的決心？透過藝術創作對政治直接表達強烈的質疑，《格爾尼卡》畫中的大膽張狂、令人不安的意境，在藝術史上是史無前例。我很同意《法蘭克福彙報》(*Frankfurter Allgemeine Zeitung*)2003 年 2 月 10 日的一篇文章所寫的，1937 年在西班牙巴斯克(Basque)小城格爾尼卡發生的轟炸暴行後，畢卡索在同名的《格爾尼卡》畫中，表達出令人窒息的吶喊，具有高度的象徵意義。這證明畢卡索六十年前的畫作，所表達的意念仍鮮活在人心。當年我第一次見到《格爾尼卡》，心中那巨大的震撼，一輩子都忘不了。

我們把話題回到喬治．史密特？

1951 年我賣給史密特一幅馬諦斯野獸派的畫，接著是一幅塞尚(Paul Cézanne)的重要畫作《浴女圖》(*les Baigneuses*)。我把這些重要畫作賣給巴塞爾美術館，感到自豪，因為巴塞爾開始在世界各地藏家圈子裡小有名氣。史密特不僅有無比的熱情，而且大膽創新，打破既成的觀念，積極勸說政府購得重要的藝術創作。不過史密特也不是一帆風順。比方說塞尚生前最後一幅畫，在他受寒生病的一個晚上畫的《裘丹小舍》(*Cabanon de Jourdan*)，畫完不久因病去世。史密特想買這幅畫，因為他了解這幅畫的重要性，甚至把畫帶到巴塞爾的市議會，強力推薦購買這幅具有歷史意義的畫作，可惜市議員投票否決了史密特的提議，因為巴塞爾一名負責文教事務的市議員，聽從他雕塑家弟弟的意見，

倫敦、巴黎或是紐約並不需要新的藝廊。但是巴塞爾有貝耶勒發展的空間。如何打響藝廊的知名度？貝耶勒發行藝展的目錄，把約兩千份精心製作而且風格大膽的目錄寄給收藏家、美術館、藝術家，讓大家定期了解巴塞爾的藝術活動現況。照片是在藝廊的二樓，左邊最前方的是杜布菲1974年的畫作《大家做伴向前行》（*Cheminements en campagne*），盡頭左邊是恩斯特1944年的雕塑作品《月顛》（*Moonmad*），右邊是杜布菲1975年的《男人肖像畫二號》（*Portrait d'homme II*）。

否決購買這幅畫。這簡直是不可思議。巴塞爾因此放棄了這幅畫，這幅畫最後由米蘭購得，再轉到羅馬現代美術館。這是巴塞爾很不光彩的一段過去。幸好除了這個挫敗，史密特為巴塞爾購得不少經典畫作，他在巴塞爾藝文圈是不可缺少的人物，並且提升巴塞爾市民對藝術的興趣。

所以因為史密特的關係，讓您留在巴塞爾？

史密特當然是很重要的原因，但不是唯一讓我留在巴塞爾的原因。誠如我之前所說的，巴塞爾除了位於風景如詩的萊茵河畔，一直有著濃厚的人文情懷。您知不知道巴塞爾的居民曾透過兩次公投，使巴塞爾購得兩幅畢卡索的畫？

魯道夫·史塔區林（Rudolf Staechelin）有不少現代藝術的收藏，其中包括兩幅畢卡索的重要畫作：1923 年創作的《坐著的小丑》（*Arlequin assis*）、1906 年畫的《兩兄弟》（*Les Deux Frères*）。這兩幅畫原本一直保存在巴塞爾美術館，屬於永久展示的珍藏。1967 年史塔區林的兒子決定售出這兩幅畫，當時巴塞爾的居民紛紛表示不願這兩幅畫離開巴塞爾。由於買畫的資金有一半將來自納稅人，事關市民的權益，於是巴塞爾於同年 12 月 7 日舉辦了公投，讓市民自行決定買還是不買這兩幅畫。當時有一群年輕人，騎著舊式大車輪的自行車，穿梭在巴塞爾的大街小巷，鼓吹市民投贊同票。他們發宣傳單，在街上現場畫大型標語圖案，彷彿大家要投票給畢卡索。買不買這兩幅畫。該不該買這兩幅畫的造勢活動，像極了選舉的宣傳活動。一位划船協會的朋友告訴我：「我本來是不打算去投票的，但兩位騎著自行車的年輕人說服了我。您能想像嗎？我是投票給畢卡索呢！」

當時在巴塞爾，這可是大家熱烈討論的新聞。最後眾望所歸，這兩幅畫留在巴塞爾美術館。在公民投票結果出爐後的下午，我們打電話給畢卡索先生，他獲知消息十分開心。畢卡索後來經常提起巴塞爾公民投票的小故事。他對巴塞爾居民決定留下他兩幅畫感到很驕傲，開心之餘，熱情邀請當年巴塞爾美術館館長法蘭茲·梅耶（Franz Meyer）到巴黎看他，梅耶館長欣然接受邀請，從巴黎回巴塞爾時也帶回了驚喜——畢卡索送給巴塞爾四幅作品，包括三幅油畫和一幅水彩畫。當大家對畢卡索送的大禮感到又驚又喜時，著名的收藏家瑪雅·莎雪（Maja Sacher）也決定把個人收藏的一幅畢卡索立體畫派的畫作捐給美術館。您曾聽過在其他城市有這樣的事發生嗎？對我個人而言，這是另一個令我離不開巴塞爾的原因。更何況無論是倫敦、巴黎或是紐約並不缺我去開個新的藝廊。在巴塞爾卻不同，這是我的地盤，我努力出版我們珍貴藝術收藏的刊物，讓世界各地的人了解，巴塞爾在藝術收藏上絕不缺席，具有無窮的潛力。這麼多年來我一直很喜歡出版、校對、打樣、看優質照片等工作。

您親自撰寫文字部分？

一開始，我盡量少寫。引述畫家的話比冗長的序要有趣多了。在藝廊我們可以親眼看到畫，但在大學，主要是研究畫，因此是不同的切入點。當然我也學會了斟酌藝術家所講的話。有些藝術家很會講話，談起自己的畫作充滿智慧和信念，很有說服力，但真正看了畫作，卻不是這麼回事。偉大的藝術家通常會談新的想法，簡單而深刻，淺白易懂，而不是藝術史那樣的深奧。當賈克梅第談起自己的作品時，總是很直接、真誠而且有遠見。

所以我們展覽的目錄，慢慢地在藝文圈建立了聲望。不少美術館館長來我們的藝廊參觀，甚至美國的收藏家也遠道而來。因此巴塞爾成了現代藝術的重鎮。

譯註

1 和子理論：源自拉丁文 filioque（和子說），主張聖靈是從父和子而出，在中世紀引發不同教派對聖靈詮釋所產生的爭議，也是造成羅馬天主教與東正教決裂的原因之一。

2 頹廢藝術（l'art dégénéré）：源自德文 entartete Kunst，即希特勒掌權時期，在德國被納粹視為危及德國精神的頹廢藝術作品（多數為現代藝術風格或是出自猶太裔之手），遭監控或沒收的命運。

3 擄掠薩賓城姑娘（L'Enlèvement des Sabines）：源自古羅馬神話的故事，當時羅馬城的男人為了成家立業，到薩賓城地區擄掠年輕姑娘為妻，這個故事成為文藝復興時期及後文藝復興時期創作的靈感來源。這故事也激發了畢卡索的創作靈動，畫了同名的《擄掠薩賓城姑娘》，抗議入侵古巴事件。

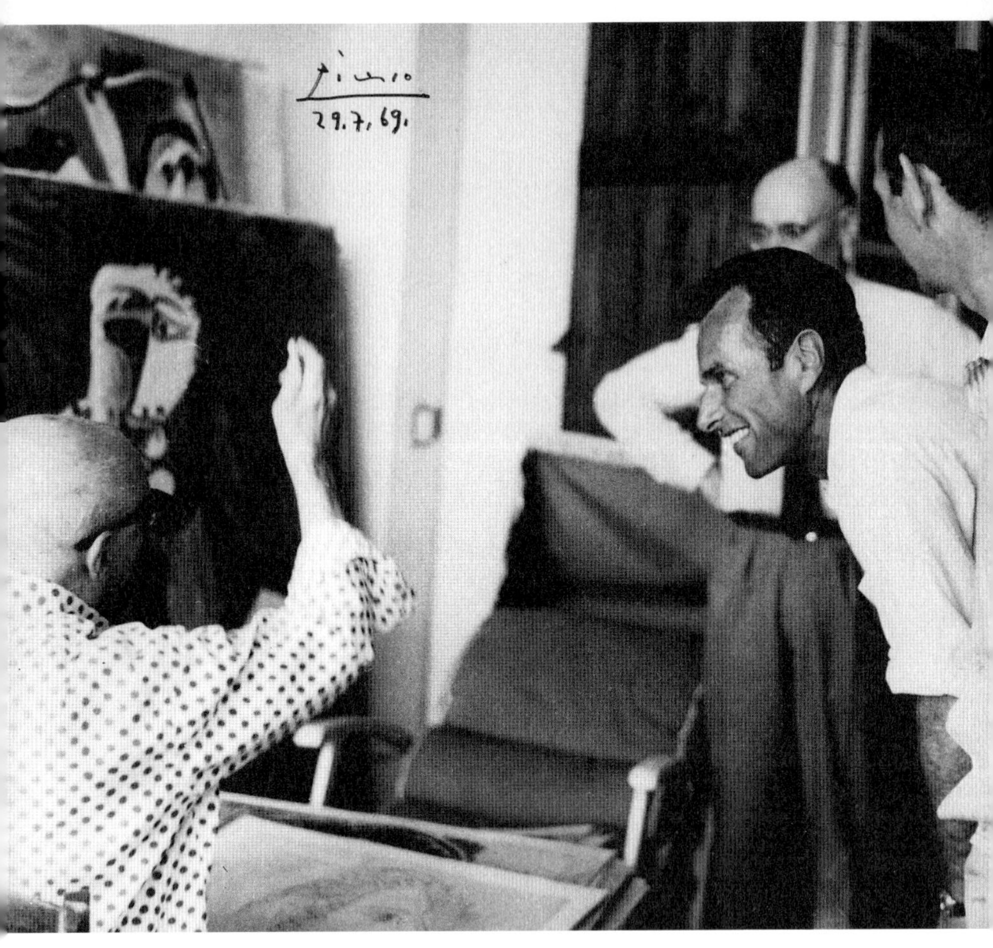

1969年7月貝耶勒與畢卡索在畢卡索位於慕然的家中見面後如此形容畢卡索：「他個性鮮明張揚，要什麼非得到不可，他從很小的時候就知道，世上沒有什麼他要不到的。他不按牌理出牌，和我們理想中溫文儒雅的謙謙君子完全不同。他以王者之尊主導一切，如神般令人仰之彌高。畢卡索具有牛頭人身怪獸米諾托充沛的活力，同時也有真情流露的溫柔。」

3

畢卡索——

牛頭人身的米諾托怪獸

畢卡索告訴貝耶勒：
「我創作線條形狀的動力何來？我不知道。
我心中只有一個念頭：工作。
畫畫對我就像呼吸一樣。當我工作時，我放輕鬆。
整天無事閒著或是接待訪客才會讓我感到疲累。」
派翠克·歐布萊恩 | Patrick O'Brian
《畢卡索傳奇》*Pablo Ruiz Picasso*

莫里：您為藝展細心製作的目錄，為藝廊的收藏建立了口碑，同時也提高了參展藝術家的知名度。您是在這樣的機緣下，認識了畢卡索？

貝耶勒：1950 年末期，印象派畫作對我而言已經太昂貴。即使是馬諦斯的畫作都是天價。畢卡索是位有驚人產量的藝術家，所以當年還值得買他的畫作。我當時找人幫我買畢卡索的作品。我的一位雕塑家朋友普蘭克(Jean Planque)認識一些巴黎的藝廊老闆和收藏家。1953 到 1955 年之間，透過普蘭克的關係，開啟了我發展現代藝術的大門。他不僅幫我把藝展辦得有聲有色，同時也帶給我不少絕佳的畫作，甚至有時說服我購得一些名不見經傳的作品。普蘭克親訪畢卡索時表示他是幫我工作。畢卡索定期收到我們藝廊的畫展目錄，都保存起來，答應和我見一面。

當時是 1957 年。當時六年前我曾展出畢卡索藍色時期的畫作《暢飲苦艾酒的人》(*Buveuse d'absinthe*)，借自漢堡藝術中心的珍藏。另外一幅是我很關注的馬諦斯的畫作《河岸風光》(*La Berge*)。這兩幅畫當年被納粹視為頹廢藝術。畢卡索因此知道我們的藝廊，了解我們如何細心選擇畫作，舉辦臨時的特展。因此我有機會前往畢卡索位於法國蔚藍海岸小城慕然(Mougins)的別墅「生命聖母」(Notre-Dame-de-Vie)，第一次和他見面。

可否談一下您第一次見到畢卡索的感覺？

畢卡索就是畢卡索。我該說什麼呢？初次見識就讓我印象深刻。當時畢卡索的另一半賈桂琳(Jacqueline)、助理米格勒(Miguel)都在場。畢卡索在我面前，不發一言，等著我開口。他微笑著，凝視著我，深沈的眼光檢視我。我們隨意聊起藝術，氣氛十分輕鬆。我既不是畫評家，也不是學者，更不像藝術投機客。我們就這麼天南地北閒聊著，我們倆的對話，像是知性與感性的對話。我們談話裡不涉及藝術的商業考量，也沒有藝術經紀人的猜忌。他對我舉辦展覽的畫作興趣濃厚，於是問我：「您現在忙著辦哪個畫展？」

我回答說：「嗯……，是一位您不太欣賞的畫家——波納爾（Bonnard）。」
他說：「他是個好畫家！」

他很維護他的藝術家同行，但有時又忍不住嚴苛評論同行的作品。他講話有時是話中帶話，必須很機靈才能懂他的話中帶話。我曾問他好幾次是不是有機會買他的作品。他總是回答：「再看吧！」我知道他把賣畫權交給他在巴黎獨家的藝術經紀人坎維勒。賈桂琳和米格勒在一旁暗示我再加把勁，但我不敢太堅持。後來我回去看畢卡索好幾次。有一天，他拉著我的手臂，帶我到一個畫室打開門，對我說：「您要挑哪幅就挑哪幅，一切隨意。」我當場簡直嚇呆了，在我面前有八百幅以上的畫作，像是置身於阿里巴巴的金銀寶庫之中。我有點為難，因為我總不能在那裡待上幾小時好好挑選。我同時也想到坎維勒，畢卡索同意讓坎維勒經手他想賣的畫作。畢卡索看出我的為難，鼓勵我說：「那就學佛拉爾（Vollard，著名藝術經紀人）好了。他在1902年來畫室看我，看過所有的畫後，想全部帶走。我們談好價錢，他從口袋裡拿出繩子，把他買的畫綁在一起，一併帶到計程車上。您隨意挑選吧！」最後我挑選了四十五幅畫作，畢卡索看了我選的四十五幅畫，拿出二十六幅讓我帶走。我很驚訝交易過程這麼直接簡單。那次我購得的許多幅畫，包括 1932 年的畫作《救援》(*Le Sauvetage*)，預先表達他在幾年後的經典作《格爾尼卡》的意念。幾年後紐約現代美術館館長比爾・魯賓(Bill Rubin)在《格爾尼卡》之前展出《救援》這幅畫，頗有先見之明。

畢卡索有不太善良的一面。有一次，他的狗緊咬著普蘭克的褲腳不放，還咬了他一口。畢卡索不但沒有阻止愛狗，還幸災樂禍笑得很開心。他喜歡這樣有趣的小故事，而且很樂於玩這樣的把戲。他曾表示，年紀愈大，問題就愈來愈多。畢卡索的老會計師馬克斯・貝勒克(Max Pellequer)因為年紀大聽力不好，常對畢卡索大聲問一些不堪的私人問題，也不怕鄰居聽到。對我而言，畢卡索是不老的頑童。有一次我告訴畢卡索，有位客人來藝廊看了畢卡索的畫作，跟我說畢卡索晚年的作品似乎仍焦躁不安，不像馬諦斯晚年的作品一派寧靜。畢卡索聽了皺起眉頭，毫不客氣說：「您如何回答？因為還太年輕所以還沒開始畫老年畫。」冷面笑匠的個性，為這位藝術鬼才更添迷人的風采。

所以畢卡索的作品是您藝術收藏的重心，也是貝耶勒美術館最重要的典藏？

我的收藏以立體畫派和抽象畫為主，相對於坎維勒熱中於立體畫派，尤其是畢卡索的立體派畫作，我的收藏比較平衡且有特色。坎維勒不熟悉康丁斯基和蒙德里安的畫。不過畢卡索的創作和個性，絕對是二十世紀藝術史的中心。他驚人的創作超越同時代的畫家，改變了歷史，在藝術史上的地位，只有文藝復興時期的達文西（Léonard da Vinci）能並駕齊驅。想像一下若沒有畢卡索的話，法國的藝術會變什麼樣子？矯飾主義（maniérisme）[4]可能成為主流。畢卡索引領時代，成為當時藝壇的先驅。他激勵了布拉克、格里斯（Juan Gris）、馬諦斯、雷捷（Fernand Léger）、勞倫斯（Paul Albert Laurens）、蒙德里安等藝術家的創作。當時有一群俄國藝術家抵達巴黎拜訪畢卡索，他們在畢卡索的畫室和他談了幾個小時。這些俄國藝術家從畢卡索的畫室出來，改變了他們原有的藝術觀點，這正是結構主義（constructivisme）產生的源頭。

您認為畢卡索的人格特質是？

畢卡索鮮明張揚的個性，要什麼就非得到不可。他很小的時候就知道，世上沒有什麼是得不到的。畢卡索曾說：「我還是小孩子時就畫得跟拉斐爾(Raphaël)一樣，所以這一生都要像小孩一樣畫畫。」畢卡索不按牌理出牌，和我們理想中溫文儒雅的謙謙君子完全不同。他以王者之尊引領風騷，如神般令人仰之彌高。在畢卡索居住的南部小城慕然，有不少母親親自上門把自己的女兒獻給畢卡索。畢卡索很清楚他是自己畫中牛頭人身的米諾托怪獸(Minotaur)。他具有米諾托充沛的活力，同時也有真情流露的溫柔。不少人形容畢卡索生性吝嗇。哪個人經歷過畢卡索曾吃過的苦頭不會變成這樣？畢卡索的確會算，十分精明，但也會雪中送炭，尤其是在戰爭爆發後資助無數藝術家逃避巴黎。他很講義氣幫了不少人忙，這點似乎被遺忘了。

畢卡索生活的重心就是工作，他無時無刻都在工作。他隨時在觀察，腦裡就開始醞釀畫作。沒有驚人的視覺記憶，是成不了畢卡索的。莫札特在很小的年紀聽到音樂，不需要樂譜就能彈出同樣的樂曲。畢卡索則是把他所觀察到的景象印在腦海中。我在無意間比較兩幅畫時很強烈感受到這一點。我剛買了一幅畢卡索畫情人朵拉(Dora Maar)的作品《綠衣女郎》(*Femme en verte*)，一到手拆掉包裝就擺在我的辦公桌上，在《坐在黃色椅子上的塞尚夫人》(*Madame Cézanne au fauteuil jaune*)畫作的旁邊。我愈看愈覺得兩幅畫作無論是在比例上或是空間的處理都非常相似。我把兩幅畫並排比較觀察，同樣的手指交錯的姿勢，上半身堅挺，至於頭髮（塞尚夫人頭髮盤起來，而朵拉則將頭髮放下）表現出類似的剛強感。塞尚夫人頸部的圍巾，在朵拉就變成低胸的領口。塞尚夫人左手臂內出現的一小塊背後的牆，在朵拉的左手臂更加明顯。這代表著什麼意涵？對塞尚致敬的畫作？還是受到經典畫作的影響所畫的作品？畢卡索顯然是在佛拉爾藝廊（Vollard）裡曾看過塞尚的這幅畫，把畫的意境轉化在自己的畫作中。對我個人而言，兩幅畫都展現出強烈的氣勢，而畢卡索的畫裡多了狂野不羈的活力。

畢卡索會聽取周遭朋友的意見嗎？

他和同行藝術家常討論，也會聽取他們的意見。至於他會聽取藝術經紀人的意見嗎？我想答案是否定的。有一回我在畢卡索的畫室看到一幅約一公尺見方的水彩畫，清新美麗。我告訴他這幅畫非常美，但也很脆弱不易維護保存，很難賣出去，尤其是對買畫做永久收藏的美國人而言。在美國的藝術市場，只有竇加（Edouard Degas）的水彩畫賣得很好，因為竇加會加上一層漆保護畫作，而且有獨門的技巧讓水彩畫有了保護層仍能維持清新感。畢卡索不相信我所說的：「對我個人而言，水彩畫多一層保護漆就失去原貌。上了保護漆後不到兩天，整幅水彩畫就失去清新的感覺。」他甚至把水彩畫加保護漆，比喻為狄亞基列夫（Sergei Diaghilev）的芭蕾舞者：「現在看到這些芭蕾舞者的現場表演，令人驚為天人。但是以後再看到這些芭蕾舞，感覺就不一樣了。」總而言之，畢卡索絕不在水彩畫作上加保護層。

自從畢卡索的畫作成為巴塞爾美術館的典藏，巴塞爾是否曾有計畫向這位藝術大師致意？

曾有兩次計畫，第一次是畢卡索的大型雕塑，但巴塞爾市府當局一再拖延。畢卡索過世後，我們從畢卡索的兒子伯納·畢卡索那兒獲得一座畢卡索的小型雕塑作品，經過放大後，立在美術館後方的畢卡索廣場上。還有另一個計畫是巴塞爾大教堂的彩繪玻璃，我們舉辦了一次創作比賽，但結果不太滿意。我問畢卡索是否願意在彩繪玻璃上畫畫。他後來告訴我，原本是不想答應，但是他想起馬諦斯在凡斯（Vence）小教堂裡畫畫，問他：「你怎麼能畫小教堂啊？」未料馬諦斯爽直回答說：「這和裝飾妓女院差不多！」然而，當畢卡索答應在巴塞爾教堂的彩繪玻璃上創作時，卻為時已晚。

您擁有不少畢卡索的畫作，曾舉辦過「畢卡索 1900-1932 年作品展」、「畢卡索 1932-1965 年作品展」，畢卡索對這兩次展覽的反應如何？

他一直都很滿意畫展的品質。我們後來又舉辦了幾次展覽，我有機會購得他的一些素描。我曾向畢卡索提議在他九十歲時展出他九十張素描畫作。他回我說：「那為何不在我一百歲時也辦個一百個雕塑作品展?」我們辦了畢卡索的素描展，我帶了一些複製他素描的宣傳廣告給他。「您夫人的名字是?」他突然問我。我回道：「希爾蒂。」

他隨手拿了一張他的妻子賈桂琳的側影宣傳廣告，畫上顏色，寫著：「給希爾蒂．貝耶勒！」接著他又拿起另一張問說：「您最好的朋友叫什麼名字？」他一張接著一張隨手畫幾筆再簽名，總共簽了約六十張，送給我的親朋好友。當他細心簽名時說：「您看好了，這些有簽名的宣傳單很討喜的。」

我說：「我有位朋友如果收到您親手畫了又簽名的傳單一定會很開心。不過他是位抽象派畫家。」
畢卡索說：「抽象派畫家？那我們是兄弟了。您的朋友叫什麼？」
我答說：「馬克．托比(Mark Tobey)。」

譯註

4 矯飾主義（maniérisme）：為興起於十六世紀義大利的藝術流派，源自義大利文maniera（優雅風格），以追求新奇和風格為主，後來被評為只注重形式而缺乏靈性。

馬克·托比是貝耶勒的鄰居兼好友，經常來藝廊談天，或是欣賞藝廊新購得的畫作。照片是1964年10月，馬克·托比（左）與貝耶勒在喬治·盧奧（Georges Rouault）的畫作《小丑》（*Clown*）面前討論。貝耶勒喜歡與別人進行藝術的對話與交流，讓自己的眼光更豐富敏銳。

4

馬克·托比——在巴塞爾的美國人

貝耶勒：我在1958年布魯塞爾舉辦的世博會上發現了一幅名為《白色旅程》(*White Journey*)的畫作，充滿活力與意境，令我印象深刻。畫者是一位美國人，名叫馬克·托比，我從來沒聽過。後來我有機會再買兩、三幅托比的畫作。托比知道我對他的畫感興趣，特地來藝廊看我。我告訴托比有意幫他辦個特展，他表示沒問題。我後來才知道他對巴塞爾的興趣甚於我的藝廊。他一到巴塞爾，就愛上這城市。

莫里：可否談一下托比的創作背景和風格？

托比曾在日本的僧院學習墨繪的技巧，也因為學習墨繪的過程，使他在創作上更自由發揮，在1930年代初開始摸索抽象畫風。他在1935年最初的「白色書寫」(White Writings)系列作品，充滿現代風，令人驚豔。他從日本返回美國後，開始往抽象風格發展，無論是「百老匯」系列作品，或是遊行、節慶等主題的創作，現在我們回頭看他當年的作品，那是他多方面嘗試抽象創作的成果。美國印象派畫家哈山姆(Childe Hassam)和其他畫家也受到「百老匯」系列的影響而嘗試抽象風，畫中夜裡街頭熱鬧興奮的景象。托比在往後的幾年全然往抽象風格發展。托比的畫作非常多元化，因為他不會重複畫一樣的作品，即使是他最受歡迎的畫作，因此他的每幅畫作都十分珍貴。

托比深受禪學的影響，皈依巴哈伊教(Baha'i)[5]**，熱愛東方哲學與文學，從事教職的托比似乎沒有理由定居在巴塞爾。**

除了您剛才談到托比的背景外，我還想補充他對音樂的喜好。他不僅作曲，後來還專注於鋼琴演奏。回到巴塞爾的話題，就像我之前講的，他對巴塞爾是一見鍾情。他第一次來巴塞爾時是六月，天氣非常好，正是百花盛開的美麗季節。我們倆在一位牧師朋友赫斯勒(Hassler)家的花園午餐。他說非常喜歡巴塞爾，打算定居於此。我告訴他附近有個房子現在沒人住，要不要去看看，喝完咖啡後我們就去參觀這個房子。托比按鈴，大門開了後，赫見一位全裸的年輕女孩，似乎剛從花園裡的噴水池出來。托比後來寫信給我打趣地說：「目前似乎不需要去參觀那房子。我在西雅圖租房子，還要再待個一年，之後我就搬到巴塞爾。」我們沒參觀成的房子空了一年，最後托比搬進去，成了我的鄰居。

托比後來定居在巴塞爾，但還是十足的美國人，而且經常外出旅行。他的好友英國畫家班·尼克森(Ben Nicholson)、美國作曲家約翰·凱奇(John Cage)定期來探望他。托比後來因年紀漸長，健康走下坡，心臟和肺部有些問題，幸好他的貼身助理馬克·瑞特(Mark Ritter)，從行政工作到下廚全部包下，幫托比打理一切。托比曾有一次失敗的婚姻，但晚年時親密愛人都是同志，尤其是和素樸藝術（Art Naif）畫家赫斯坦（Per Halsten）交往一段時間。托比在巴塞爾住了十六年，直到他去世。

托比定居在巴塞爾後，和您有著深厚的情誼。托比是不是成了您藝廊的主要畫家？

我們經常見面，一起在森林裡散步。他對事物微小的細節有著敏銳的觀察力。他常收集落葉，從觀察大自然中尋找新的圖案和形狀。他也經常來藝廊看我們收集的畫作，無論是借來辦畫展的作品、普蘭克幫我購得的畫作，或是我們特別挑選的一些作品，都是他靈感的來源。他對畢卡索畫筆下線條所展現的力道和清新感讚嘆不已。他如果聽到哪位同行畫家的作品被美術館收藏，也很開心。我們藝廊曾展出一些托比的畫作，不過我的藝廊和托比之間並沒有合約。我經營藝廊的哲學是自由選擇我認為最棒的作品。托比也明白我不可能成為獨家經手他畫作的人。托比於 1964 年在巴黎的裝飾藝術美術館舉辦了個人回顧展。之後我並沒有向托比要求他畫作的專屬代理權。

您當年購得第一幅托比的畫作《白色旅程》。白色在托比的畫作裡非常重要。

白色是重要的原色，也象徵生命的本質。純淨的白，代表著靜坐一切放空的境界。托比不斷探索白色，想了解那深不可知的境界。透過托比的畫作，我們和白色世界有著美麗的邂逅。您從托比 1972 年的作品《初始之白》（*Oncoming White*）不難發現。這兩幅畫作別具意義，首先這是托比一生中少有的大幅畫作（只有七到八幅），還有就是畫中以白色所展現的氣勢。

譯註

5　巴哈伊教（Baha'i）：亦稱為大同教，創於十九世紀的波斯，主張世界大同，巴哈伊的靈曦堂的建築外觀宛若蓮花。

康丁斯基夫人（圖右，1972年6月3日在藝廊與貝耶勒合影）認為她的先生康丁斯基是世上最偉大的藝術家，貝耶勒是最偉大的藝術經紀人。《即興畫作十號》是貝耶勒收藏兩大畫作之一，先是賣給了一位住在溫特杜爾對畫作有敏銳直覺的女士，後來貝耶勒買回這幅畫，從此不再割愛。

5

溫特杜爾的燙衣女工

莫里：您藝廊的客戶群裡，有哪位令您印象深刻的？

貝耶勒：總有幾位熱愛藝術的朋友，經常跟我們藝廊買畫。其中有一位令我很難忘，這也是康丁斯基的《即興畫作十號》的小故事。

話說有年夏天的畫展，一位打扮樸素看不出年紀的女士來藝廊看畫，她瀏覽畫展裡的每幅畫，當她站在康丁斯基的畫作前，驚嘆說：「這幅畫真美！」我上前和這位女士交談，她問我這幅畫賣多少錢。我回說：「兩萬八千瑞郎。」

她說：「我想買這幅畫。這是誰的畫？」我說這是康丁斯基的畫。她反問我：「誰是康丁斯基？」

「康丁斯基1866年出生於莫斯科，後來到法國發展，取得法國籍，1944年病逝巴黎。他和幾位藝術同好創立了『藍騎士』(Blaue Reiter)。他原本定居柏林，但為了逃避納粹政權才離開德國到巴黎。他在巴黎與抽象派創作的藝術家們一起舉行畫展。對我而言，康丁斯基是抽象藝術之父。」

她說：「很好。這幅水彩畫呢？」我說這幅水彩畫要兩萬五千瑞郎。她說：「好，我買了，這是誰的作品？」我回答是塞尚的作品。她說：「喔，誰是塞尚？」我開始講述塞尚的生平，並解釋塞尚對現代藝術的重要性，我甚至引述了畢卡索對塞尚的形容：「他就像是我們的父親一樣。」我覺得自己好像是美術館的解說員，不過我很好奇這位女士總是能一眼看上畫展中最好的畫作。她快人快言讓我很開心，她敏銳的直覺也讓我驚嘆不已。

她隨後又問另一幅畫作。我說三萬五千瑞郎。她很豪爽說這幅畫也買了，又問是誰的畫。我答說是高更的畫。她反問我：「誰是高更？」我再次講述高更的生平和重要性。這位女士原本是溫特杜爾（Winterthur）（臨近德國的瑞士小鎮）的燙衣女工，有幸得到一筆豐厚的遺產，衣食不缺，不知道該如何運用這筆遺產。在她住的小鎮原本有萊茵哈特（Oskar Reinhart）和韓洛斯（Arthur Hahnloser）兩位重要收藏家豐富的典藏。這位女士表示現在沒有什麼值得收藏。她天真沒心眼，讓人打心底就喜歡她。她就這樣買走了這幾幅重要的畫作。

您後來還和這位女士見過面嗎？

有，幾年後她又來我的藝廊，問我願不願意買回她當初買的三幅作品。我很驚訝問她：「為什麼？您不喜歡這三幅畫作嗎？」她急著說當然喜歡，但是她手頭有點緊，急需要錢。她在我們藝廊買下三幅畫後，繼續買了不少畫，她聽了蘇黎世的藝術經紀人的建議買了不少現代藝術作品，因此累積了很可觀的貸款。我跟她買回塞尚和高更的畫作，同時以接近當年售價的兩倍買回康丁斯基的作品。她馬上答應。

後來我聽說，她帶著賣我畫作的錢又去溫特杜爾的銀行，銀行人員看到那一筆錢馬上說：「您要借貸多少就借貸多少。您想再借多少，儘管開口。」

這故事給我們什麼樣的啟示？

這故事給我們兩個啟示。第一是買藝術作品，要跟著直覺走。第二是對藝術作品的品質要求非常重要。這個小故事讓我決定把康丁斯基的《即興畫作十號》收為永久收藏。我把這幅畫從藝廊搬回家，掛在客廳裡。

貝耶勒（左二）和湯普森（右一）1960年12月15日在德國杜塞道夫的畫展。貝耶勒向湯普森購得一百幅保羅·克利的畫作。貝耶勒如此形容湯普森：「他精明強悍，絕不妥協，在談判協商的過程，軟硬兼施，講得天花亂墜，無論是柔情攻勢、魅力、巧言、熱情任何招術都用上了，或是爽朗大笑，專注望著你，總之不達目的，絕不善罷甘休。」

6

美國與湯普森的交易

莫里：將近四年的時間，您和湯普森(David Thompson)之間，可說是高低起伏，有讓您順利勇往直前的時候，但也有令您失望的時候，這其中有很多故事。可否告訴我們這一切是怎麼開始的？

貝耶勒：我從來沒去過美國，倒不是我不喜歡美國或是對美國沒興趣，而是光舉辦畫展就讓我十分忙碌。我當時在籌辦夏天的畫展時，希望盡可能邀請更多的外國藝術家參展。那年我們畫展的主題是現代藝術大展。不少美國人前來歐洲共襄盛舉，我請他們來巴塞爾。

在畫展裡，有位身材魁梧的男子，灰白的頭髮抹了油，留著像克拉克·蓋博(Clark Gable)的小鬍鬚。他很快繞了一圈，食指指著約十幅畫作問價格。我告訴他每幅畫的價格，他馬上把那幅畫的價格砍了一半跟我討價還價。後來他又來到我面前，提議以總價的一半買畫。我當場拒絕他，不願再繼續講下去。未料這位仁兄惱羞成怒，氣沖沖下樓去，開門離去，門後是匹茲堡卡內基美術館(Carnegie Museum de Pittsburgh)館長哥登·華斯伯恩(Gordon Washburn)，他告訴我：「您把他惹毛了。」

我問：「這位仁兄是？」他回道：「他是美國最重要的藝術

收藏家之一：大衛·湯普森。」

他砍半價買畫被我拒絕後卻惱羞成怒的模樣，令我非常訝異。

您何時再碰見他？

與湯普森的第一次接觸，我想我們倆都學到教訓。他隔年沒有來參觀我們的夏季畫展，不過他想買我藝廊裡一座賈克梅第的大理石雕塑作品、羅丹的巴爾札克銅塑，還有另外三幅畫作。他寫信給我：「我付給您總款的一半，另一半請您來匹茲堡自己找同等價錢或是更好的作品。」

我第一次抵達匹茲堡機場那天，天色灰暗，湯普森在車裡等我，食指上掛著一串鑰匙，食指不停轉動著鑰匙，直截了當說：「您的旅館房間！」他在途中告訴我他收藏畫作的故事，並表示有一天他必須賣掉他的公司、他的藝術珍藏、他的房子，也許到時候我會有興趣買幾幅他的收藏。他不希望把太複雜難處理的事業交給他老婆管。當時我並不知道湯普森因為心臟異常可能危及性命。

我們抵達他家。湯普森的家中，每個房間的牆上都是畫作。客廳裡有張桌上放滿了千元的美鈔，千元的紙鈔已經不再流通，十分罕見。我其實很想收集這樣的千元紙鈔，但我幾乎沒機會好好看這些紙鈔，因為光是牆上掛的畫作就讓我目不暇給。湯普森對我說：「依您估計，我總共收集了多少雕塑作品？給個數字嘛！五十？一百？我親愛的朋友，我有一百五十件雕塑作品。」我根本沒仔細聽他說什麼，只能環顧著牆上的經典畫作，美得令我說不出話來。湯普森對如何運用空間組合掛畫非常在行，許多畫作深奧難解，不是那種淺顯一看就很討喜的畫作。畫家雷捷講的名言「漂亮可愛是美麗的敵人」（Le joli est l'ennemi du beau），就是這個道理。總而言之，他的收藏畫作都很合我的品味。每一幅畫擺掛的位置恰如其分，當我細細觀賞著牆上的畫作時，湯普森在一旁坐著玩耍我帶來的柯達底片。他提議賣我幾幅畫，其中一幅是莫內的《冬景》（*Paysage d'hiver*）。我看著莫內的那幅畫，問他：「這幅畫是真的嗎？」那幅是假的，我一看就知道。他聽後馬上跳起來說：「您開什麼玩笑？這幅畫是來自羅森柏格藝廊（Rosenberg），保證是真品。」他接著說：「要嘛，全就全部買，不然就拉倒。」湯普森想盡辦法要出脫這幅畫。他欠我一半買畫的錢，要我遠到匹茲堡，把我帶到他家，拖到淩晨兩點。他精明強悍，絕不妥協，在談判協商的過程，軟硬兼施，講得天花亂墜，無論是柔情攻勢、魅力、巧言、熱情任何招術都用上了，或是爽朗大笑，專注望著你，不達目的絕不善罷甘休。我們做了第一次的畫作交換。我離開匹茲堡飛回巴塞爾時，十分疲累，但我心裡一直有個念頭，就是再回匹茲堡到湯普森家中購得這獨一無二的典藏。

湯普森為什麼要出脫所有的珍藏畫作？他不打算像費城的巴恩斯(Barnes)家族成立美術館？

他一開始是想成立美術館。他有雄厚的財力可以達成。他早先在鋼鐵業賺了不少錢，買下快破產的公司，重整後再以高價賣出，獲利十分可觀。他在大戰期間也賺了不少錢，所以錢不是阻礙他設立美術館的絆腳石。湯普森曾經猶豫過。他曾經想把藝術珍藏捐給匹茲堡的美術館。不過卡內基美術館的理事們，多來自匹茲堡傳統鋼煤的顯赫家庭，他們對湯普森雄厚的財力很不是滋味。湯普森做生意時精明又狠，恐怕不是廣結善緣型的。他曾邀請這些理事參觀他收藏的畫作，結果得到的評價是：「這幅雷捷的畫真是恐怖……那幅畢卡索的作品真是慘不忍睹……這米羅的畫作真低俗。」如此不堪的批評，很傷湯普森的自尊。從此他只邀請美術史專家、學生，或是對現代藝術興趣濃厚的人去他家賞畫。這點我們很能理解。由於匹茲堡似乎對他的藝術珍藏不感興趣，他決定賣掉自己多年的收藏。

第一次與湯普森交換畫作後，您接著曾和他進行過幾次的畫作交換。您曾跟他主動提議交換畫作嗎？

我曾想過如何能從湯普森那邊帶回幾幅我看過的畫作，尤其是保羅·克利(Paul Klee)的幾幅畫作。有一天湯普森打電話給我：「我有一百幅保羅·克利的作品要賣……」我問他價格，他居然爽快答說：「以您的估價成交。」

所以我又飛到匹茲堡，非常興奮。保羅·克利的畫作在戰後流散於世界各地，能有一百幅他的畫作，非常難得。我才一到旅館就接到馬伯洛夫藝廊（Marlborough）洛伊德先生（Lloyd）的來電：「我知道您此次到匹茲堡的目的。我們應該攜手合作。」我不得不承認洛伊德先生的提議很令我心動，因為當時貝耶勒藝廊口袋不夠深，而這又是千載難逢的機會。由於有人曾要我提防這位洛伊德先生，所以我婉拒了他的提議。洛伊德告訴我：「拒絕我，未來損失的是您。」

我見到湯普森，他高高舉著洛伊德傳給他的電報，上面寫：「我一定付比他出價還高的價格來買畫。」湯普森給我看那一百幅保羅·克利的畫作，其中幾幅是他的經典創作。

您當時面對洛伊德提高價碼有何對策？

沒有，沒什麼對策。我只是告訴湯普森：「這樣的話值不值得相信，您看著辦吧！」湯普森聽後把電報收到口袋裡，我們開始討論。湯普森開的價碼超乎我能負擔，不過我提議以一幅塞尚的畫及一幅馬諦斯的畫來交換，讓他有點心動。他就坐在那裡，有著雜貨店老闆快速計價的功力，馬上算出令人驚奇的數字。

他說：「您只短缺十五萬美元。」我答說我沒有這十五萬美元，必須回巴塞爾和銀行談才行。他催促我說：「我們在這裡就談好成交。」我再次強調我沒有足夠的錢。他切入正題：「您也許沒有錢，但您家裡有一幅畫……」

我問：「巴塞恩（Jean René Bazaine）的畫？」
他答說：「對，還有康丁斯基的畫……」

康丁斯基的畫，我是絕不可能割愛，因為湯普森要的是康丁斯基的《即興畫作十號》。為了脫離這困境，我馬上說：「絕對不可能，那幅畫不是我的。」

湯普森滿臉疑惑：「什麼？」

我答說：「那是我太太的。」

湯普森一副不可置信，起身打開一扇門，通往臥房的走道上，牆上掛滿了很美的印象派畫作，魯東(Odilon Redon)、雷諾瓦、莫內等人的作品。湯普森開始哇哇大叫，說他也有太太，這些畫都是他太太所擁有，但是如果我想要買這些畫，他絕對答應，而且附贈他太太。

當時已半夜三更。要獲得百幅保羅·克利的畫，必須付錢，同時加上一幅馬諦斯畫作、一幅塞尚的畫作，還有康丁斯基的畫作為代價。要不要隨我。湯普森繼續遊說我：「想想您帶了百幅保羅·克利的畫回歐洲，所有的美術館都會對您俯首稱臣」。我堅定的說：「康丁斯基的畫，我無法割愛。」湯普森未達目的氣炸了，「好吧，那就拉倒。沒有回頭的餘地。先生，晚安！」我回到旅館，疲累不堪，心裡很掙扎。有哪位藝術經紀人會不好好把握這難能可貴的機會購得百幅保羅·克利的畫作？除了藝術價值外，也是前所未有的榮耀。但是康丁斯基的《即興畫作十號》是我的靈魂，我再怎麼樣也無法出賣我的靈魂，我絕不可以這麼做。但從另一方面想，百幅保羅·克利的佳作，怎可錯失這大好機會？我心裡一直在天人交戰中。

隔天早上湯普森打電話給我：「您到機場前，經過我家吧，我們還有一樁生意還沒談好。」他指的是義大利畫家布里(Alberto Burri)畫作和西班牙畫家達比埃斯(Antoni Tàpies)畫作的交換。我到他家，他又跟我提到保羅·克利的百幅畫作，但這次沒再提康丁斯基的畫。他退一步選了另一幅畫，於是我們成交。他起身後，給了我一個挑戰：「恩斯特，您錯過您的班機了，所以你還有些時間，您估算一下每幅畫的價格吧。」於是我開始一幅接著一幅畫估價，我花了約兩小時，把所有牆上的畫作都估了價。湯普森非常驚訝我動作這麼快，因為我的競爭對手們要花兩天的時間才能完成估價。

幾天後我在紐約再碰到湯普森，他開心極了。我估價的總值是四百五十萬美元(約合當時一千七百萬瑞郎)，比對手的估價還高出二十五萬美元。他對我說：「不可思議，太不可思議！您真是太棒了！」我當時心裡想，他這麼開心，他接下來如果要再售出畫作，應該會第一個通知我吧。結果我錯了。

購自美國鋼鐵巨擘湯普森的百幅保羅·克利的畫作，其中九十八幅很快轉賣給杜塞道夫市政府，過程需要膽識和運氣。保羅·克利是貝耶勒賣出最多畫作的藝術家，貝耶勒經手一千幅以上保羅·克利的畫作。照片為貝耶勒美術館舉辦的回顧展，三幅保羅·克利的畫，永恆不朽。

7

保羅·克利——
現代藝術絕不可缺少的典藏

藝術並不是複製我們所看到的人事物，
而是讓我們看得更清楚人事物。」

保羅·克利 | Paul Klee
《現代藝術理論》*Théorie de l'art moderne*

莫里：您似乎一直特別珍愛保羅·克利的畫作？

貝耶勒：沒錯。我剛進入這一行時，我就一直想買很多保羅·克利的畫。根據我看過的畫作紀錄，保羅·克利多數的畫作都是由藝廊經手賣出。隨著時間的沈澱，我想專注於他晚期的畫作。保羅·克利早期的作品以我們現代的眼光來看太柔和，但晚期的作品有著鮮明的張力，充滿戲劇和神話色彩。我很早就看出他在藝術創作上的豐富和多元化，無論是意象畫或是抽象畫，都展現出大師的風範。保羅·克利是個多產的藝術家，而且每幅畫作都是令人讚嘆不已的佳作，是藝術界的莫札特或是巴哈。

您最喜歡保羅·克利畫作的哪部分？

色彩部分。保羅·克利對顏色的掌握，可說是神來之筆。他畫中的色彩和線條沈穩深思，比方說他1917年的作品《小教堂》(*La Chapelle*)。我在1963年購得這幅畫作。這幅有著立體畫派色彩的小幅畫作，充滿和諧感，正著看倒著看都可以，要不是保羅·克利在畫中寫了個 F 字母(標示畫作的尺寸)，我們還真的不知道怎麼掛上去才是正確的。如此的和諧共鳴感來自音樂的影響，因為保羅·克利是非常出色的小提琴手。

對我而言，保羅·克利晚期的作品更強烈，一如戲劇化的結局。比方說他在1940年的畫作《禁錮》(*Gefangen*)。這是黏貼在麻布上的油畫創作，他晚年的作品之一，但不再出現在他一生九千幅個人畫錄中。就像馬諦斯年邁時期，病痛反而讓保羅·克利晚期的創作風格更強勁有力。《禁錮》畫中監獄的牢門似乎開啟，夜裡的光線照映在一張半開(或是半閉)的臉上。那時保羅·克利心裡很明白，自己將不久人世。保羅·克利的畫作被納粹政權歸為頹廢藝術全被沒收。這是保羅·克利臨終前最後的畫作之一，並沒有畫名，而是撰寫他自傳的作者維爾·葛羅曼(Will Grohmann)把這幅畫命名為《禁錮》。我冒味地在原畫名後，又加上另一名字《未知的彼端》(*Diesseits-Jenseits*)，因為這幅畫面對著死亡：粉紅色代表希望，白色則象徵著不可預知的來生的開始。

保羅·克利的畫作您總是能找到買主？

收藏現代藝術很難不收藏保羅·克利的作品。現代藝術的愛好者，還有美術館，一開始是漢堡的美術館，接著還有其他的美術館，當然還有很多收藏家都有意購買保羅·克利的作品。有位住在伍珀塔爾（Wuppertal）的外科醫師安塞米諾（Anselmino）來巴塞爾美術館參觀，請史密特館長推薦他哪些藝術家的畫作可以買。史密特回答：「保羅·克利、畢卡索、蒙德里安。」於是安塞米諾買了一些保羅·克利的作品，幾幅畢卡索的畫作，還有一幅蒙德里安的作品，都是一些很美、很清新的畫作。

您從匹茲堡回巴塞爾時帶回了百幅保羅·克利的畫作，都可以成立美術館了。您當時怎麼做？

從現實的角度來看，我是非賣掉這百幅畫不可。畢竟我是經營藝廊，既沒有雄厚的財力，也不打算保存這樣的畫作珍藏。當時心想我應該很難再找到百幅保羅·克利的畫作，雖然覺得不能留下當典藏很可惜，至少我可以全部一起賣出。也只有美術館能購買百幅保羅·克利的畫作。但是要找哪家美術館呢？巴塞爾的美術館已有豐富的藝術收藏，而且瑞士境內有不少保羅·克利的作品，在伯恩的保羅·

克利美術館裡，收集了他臨終時留在畫室裡的作品。我對義大利、英國、美國都不太了解，因此想到德國。保羅·克利的作品當年在德國被列為頹廢藝術被禁，遭納粹沒收，因此德國的美術館對保羅·克利的畫很有興趣。問題是從哪間美術館著手呢？我積極找到一個有雄厚財力、但仍沒有保羅·克利作品的德國城市。我很自然就想到杜塞道夫（Düsseldorf）。保羅·克利於1931年接受了杜塞道夫藝術學院的教職工作，在那裡教了兩年書直到納粹直接到畫室找他，把他和妻子都嚇壞了，於是趕緊移居到他的出生國瑞士。我在想購得保羅·克利百幅畫作，對杜塞道夫而言，算是對畫家的補償。於是我聯絡了杜塞道夫三位重要的人士。

對他們而言，百幅保羅·克利畫作是從天上掉下來的好機會。

其實要花很多功夫說服他們。我的一位銀行家朋友，同時也是藝術收藏家，向杜塞道夫商會會長（本人也是藝術收藏家）遊說保羅·克利百幅畫作的重要性。另一位從事畫作裱框的朋友，則試著和北萊茵－西法倫州（Rhénanie-du-Nord-Westphalie）首長法蘭茲·梅耶斯（Franz Meyers）談，兩人說服了他提案購畫，但在當地的政界引起了激烈的討論，社會黨人士堅絕反對購畫。贊成派則主張引用「補償」法案(Wiedergutmachung)[6]以平反保羅·克利當年遭受的毀譽。最後杜塞道夫派了由四人組成的委員會來巴塞爾鑑賞百幅保羅·克利的畫作。委員會一旦做了決定就成定局,因此我準備工作一定要萬無一失。

馬克·托比之前租的房子現在閒置著,於是我借用這個房子,連夜請人重新油漆後,依序地排掛保羅·克利九十八幅畫作,整體看來很吸引人,反映畫作的價值。四位委員中似乎有三名無法決定,其中一名是財務顧問,在我看來是最具影響力的。他對現代藝術很陌生,對這樣重大的購畫案總是有不少疑慮。首先是價格,他了解同行的其他人對現代藝術的喜愛,但他希望是在十足把握下,來決定這件購畫案,畢竟其他花費較低的案子都可能被凍結,更何況這購畫案並沒有急迫性。他想打電話回杜塞道夫商討大事。當然那空屋子裡並沒有電話,於是我帶他到隔壁赫斯勒牧師家,再回去和另外三位德國委員談。這位財務顧問在等著打電話時,問牧師對保羅·克利和近百幅的畫作收藏的意見。牧師和他談起保羅·克利,同時也談到他看了這次臨時的畫展後非常震撼。他甚至告訴這位財務顧問,如果看每幅畫作價值,所有畫作加起來的總價並不貴。牧師大力推薦保羅·克利,這位財務顧問從牧師家回來後,是四人中最堅定要買畫的人。他從百般疑慮到投贊同票,成為整個委員會重要的決定因素。於是保羅·克利的畫作以我要求的價格賣出。

譯註

6 「補償」法案(Wiedergutmachung):是德國政府為二次大戰期間曾受到納粹迫害的生還者所做的補償。

貝耶勒藝廊雖有兩層樓加上地下室，但總面積並不大，貝耶勒卻能善用空間，在這裡舉辦了無數的畫展，促成驚人的畫作交易。圖為1986年10月舉辦的畢卡索展。貝耶勒心想：「既然我不能跑遍世界展示我的收藏，我就讓世界來巴塞爾看我的畫吧！」也因此巴塞爾成為現代和當代藝術重鎮。

8

苦尋買畫的顧客

莫里：和湯普森的合作關係才開始。一下子購得百幅保羅·克利的畫作，而且很快一次賣出，應該會讓湯普森想繼續和您做生意。他對這次賣出畫作的反應如何？

貝耶勒：他並沒有什麼反應。但隔年也就是1960年，他突然打電話給我，要我飛去匹茲堡他家，他有三百四十幅畫作要賣。我到他家時，他顯得十分急躁，我們討論了幾個小時。他想和我交換畫作，除了他看上幾幅畫作外，也因為進行畫作交換讓他可以有新的畫作收藏，同時在稅務上對他有利。接著他帶我去見他的律師以完成交易。討論協商開始。接著湯普森問律師：「需要多少時間？」律師答說：「二十分鐘。」他說好吧之後，居然就離開了。我還在律師辦公室裡，律師問我來見他的目的。交談不久後，律師告訴我：「我跟您實話實說好了。十五天前差點就要和別人成交了，但臨時告吹。」我好奇問：「發生了什麼事？」

他說：「我們當時洽談十分順利，就像今天和您談的差不多，但湯普森因為一個細節讓他不高興，馬上宣布不賣了。這和您這次的情況很像。如果您真的有心要買畫，那動作要快一點，以免他又改變心意。」

我似乎非接受這次的交換不可，在成交後，我必須說服銀行同意給我額外的貸款，銀行要求新的擔保，多虧我在巴塞爾的好友漢斯·葛瑞塞(Hans Grether)做擔保，我拿到銀行的額外貸款。

談談您對大衛·湯普森的看法？

他是美國人一向最崇敬的白手起家型的企業家。他在大戰前從事鋼鐵業，在戰爭期間賺了很多錢。以美國的標準是很多錢，如果以歐洲的標準來看是巨富，表示財力非常雄厚。他很早就在紐約現代美術館知名的館長艾爾佛瑞德·巴爾(Alfred Barr)的建議下買了第一幅保羅·克利的畫作。他很早看出賈克梅第人物細長的線條在視覺美感的表現上和保羅·克利很相似。他分別在巴黎的瑪格藝廊(Maeght)、紐約的皮耶·馬諦斯藝廊(Pierre Matisse)或是辛尼·傑尼斯藝廊(Sidney Janis)買了不少畫作。由於他是重要的藝術收藏家，有機會和藝術家見面。他曾直接從賈克梅第的畫室買了一些作品。他在藝術界的重要性，幾乎不可能跟他說不。當他表示想出脫他眾多的藝術收藏，我們也只有答應的份。

他有他邪惡的一面，厚臉皮到家。他覺得這樣很有趣，對他無往不利的戰績津津樂道。有一回他到哥本哈根拜訪幾位收藏家，在其中一位收藏家家中看到一幅保羅·克利的畫作，非常喜歡，就想買回家，於是出了個價格，但畫作的主人說：「這幅畫不賣！」湯普森堅持想買下這幅畫，但畫作主人再次強調：「這畫我不能賣，我只會捐贈……」湯普森答說：「那好！」他就把畫取下帶走。

湯普森有生意人精明的頭腦，沒有人會希望談判的對手是湯普森。有天我在湯普森家裡遇到一位英國藝術經紀人。我很驚訝他在湯普森家出現。這位英國藝術經紀人告訴我，他只是受邀的訪客，他已經不再和湯普森談生意了，因為他很可能賠了夫人又折兵。

湯普森喜歡挑戰。紐約的藝術經紀人都很怕湯普森。他曾到某些藝廊，一進門就說：「給我看那些賣不出去的畫。」他通常以極低的價格成批買進畫作。他看起來膽大包天，但事實上所有的風險都是評估過的。當卡內基美術館館長得知我買了很多湯普森的收藏作品，打電話給湯普森表示很遺憾，感嘆這些珍貴的畫作要離開美國。湯普森答說：「我給您一次機會。貝耶勒在匹茲堡的這三天，如果您能找到一座建築物，成立美術館，展示我的收藏畫作，您負責搞定建築物的維護和美術館的經營，那我跟您保證我的收藏就不會離開美國。三天的時間，把這些都搞定。」當然結果是我順利帶著百幅保羅·克利的畫作回到巴塞爾。

巨額貸款一次買這麼多幅畫作，勢必要盡快把畫轉賣出去。是否有買家保證購買這些畫作？

之前賣掉保羅·克利近百幅畫作在藝術圈造成不小的迴響，是世界各地美術館、收藏家、藝術經紀人、藝術家熱烈討論的話題。繼杜塞道夫買了百幅畫作後，其他的城市可能跟進。我當時想，應該展示我購買的畫作，安排走訪一些富有的城市如埃森(Essen)，當時埃森市擁有兩百萬馬克的購買資金。因此我經蘇黎世，走訪埃森和海牙。

蘇黎世美術館(Kunsthaus Zurich)只購買了賈克梅第的半身雕塑。對我而言，我的主要目標是德國。我當時想，只要德國買了畫，其他的機會就源源不絕。不過那年正處於戰後重建時期，社會黨人士認為貸款應使用在學校、醫院、國民住宅等。他們這樣的想法一點都沒錯。北萊茵－西法倫州首長法蘭茲·梅耶斯聽說了我們的巡迴展覽，特別打電話給我，要我以杜塞道夫為優先考慮。

我說：「埃森已經有足夠的資金購買幾幅重要的畫作。」

精心安排的畫展吸引內行的訪客，比方說照片裡畢卡索個展，展出畢卡索1923年的雕塑作品《女子胸像》(*Buste de femme*)、1905年的畫作《瘋子》(*Le Fou*)、1932年的畫作《坐在黃色椅子上的女人》(*Femme dans un fauteuil jaune*)、1925年畫作《桌上的樂器》(*Instruments de musique sur une table*)。看這些作品，令人不禁問，藝術作品本身是否也創造了空間？精美的目錄，加上科學的擺掛畫作方法，建立了貝耶勒藝廊的聲譽。

梅耶斯表示：「我們打算買很多畫作。我想在杜塞道夫設立一個美術館，所以不能只有保羅·克利的畫作。您打消賣畫給埃森的念頭吧，以我們杜塞道夫為優先。」

我回說：「這是個很棒的想法，但是您沒有足夠的經費買畫。」

梅耶斯堅持說：「我們會有經費的，而且我們會做萬全準備。」

我說：「可是社會黨反對購畫。」

梅耶斯說：「您親自來向委員會展示並說明你提議要賣的畫作。」

埃森市已經允諾要買畫，至少對一些重要的畫作表示濃厚的興趣。我知道他們貸款的金額，就像我之前提過的兩百萬馬克。但是我還是決定向杜塞道夫派來的委員會做展示說明。

是原來那四位到巴塞爾看保羅·克利畫作的委員嗎？

我原本以為是。等我進到會議室，我才驚覺是超過十五人的委員會。我帶了幻燈片，向委員會一一展示畫作。委員會的反應十分一致，他們全部都想買，而且一次買進所有的畫作。他們提議我把畫作帶到杜塞道夫展示。我只好拒絕了埃森市購畫的提案，對他們感到很抱歉。

我們帶著畫作到杜塞道夫展示。湯普森還特地到展畫現場幫我們打氣。當時的氣氛，就是要見面三分情，多方打交道，同時要低調，不要太突顯我藝術經紀人的身分，深怕德國社會黨人士的指責。結果那次在杜塞道夫的臨時畫展令人失望透了。不僅沒有正式的官員到場，沒有當地的首長，就連要求我親自到杜塞道夫展示畫作的委員們，一個都沒有到場。現場只有兩位企業家分別買了小幅畢卡索的作品，還有里奧貝勒(Jean-Paul Riopelle)的作品。我非常擔心，我詢問後得知杜塞道夫議會仍未決定，必須再等一段時間。在等待的同時，銀行貸款的利息愈積愈高，我的藝廊出現營運赤字。我們結束了在杜塞道夫的畫展，打包好後，前往海牙。在海牙的畫展結果也不理想，只有一位對莫內的畫作《紫籐》(*Les Glycines*)有興趣，但沒有賣出任何畫。

如此大量的庫存畫作，您單打獨鬥很難能賣出所有的畫。

我當時也是這麼想。當時湯姆・梅塞爾(Tom Messer)曾來看畫展。他剛接手紐約古根漢美術館館長一職，積極要舉辦他走馬上任的第一次畫展，展示他的能力。他跟我提議在古根漢美術館展示我手裡的一百幅畫作，條件是不能以我的名義。我的名字不能出現在畫展的任何刊物簡介上，同時嚴禁為貝耶勒藝廊打任何廣告。他強調：「這算是私人典藏的畫展，而非藝術經紀人的畫展。」這是他提議畫展的概念。

我心想雖然不能和我紐約的幾位朋友直接接觸，我甚至知道哪幅畫他們會有興趣，也許紐約古根漢的畫展還是能幫上我大忙。結果我們在紐約的畫展，只有美國報業巨頭普立茲買了一小幅波洛克（Jackson Pollock）的畫和一幅葛利斯（Juan Gris）的畫。在紐約畫展期間，我巧遇梅耶斯。這真是不幸的碰面。梅耶斯告訴我杜塞道夫最後決定放棄購畫，社會黨人士認為在戰後重建非常時期，不該支持買畫。杜塞道夫之前購得的保羅．克利的畫作，已能滿足市民的需求。所謂屋漏偏逢連夜雨，接著是埃森市也失去兩百萬馬克的貸款，無力購畫。

此時我必須回歐洲，我想到義大利去看看，因為義大利企業大亨阿涅利先生（Giovanni Agnelli）希望能在杜林（Turin）的美術館展出我的畫作，同時他個人對一幅塞尚的作品還有另外幾幅畫非常有興趣。他邀請我到杜林他家中和他一起用餐討論。餐桌上還有幾位人士。我並不認識阿涅利先生，因此十分小心謹慎，但對於我要賣的畫作倒是充滿信心。阿涅利先生買了一幅保羅·克利以及一幅蒙德里安的畫。至於其他的畫作，杜林美術館的代表似乎有所保留。接著我們談到塞尚的畫。座中法布里(Fabbri)出版集團的法布里先生表示在巴黎曾看到相似的塞尚的畫，價格沒那麼貴。阿涅利先生開始猶豫不決，最後還是決定不買那幅塞尚的畫。羅馬的美術館館長布卡瑞麗(Palma Buccarelli)提議到羅馬展示我手中的畫作，斯德歌爾摩的美術館也表示濃厚的興趣。但是我借貸的利息愈滾愈高，我真是受夠了。我心想，這絕不是辦法，跑了蘇黎世、埃森、杜塞道夫、紐約、杜林……結果徒勞無功。我必須改變策略，決定回到巴塞爾家中，靜下來好好想想。既然我不能跑遍世界展示我的收藏，那就讓世界來巴塞爾看我的畫吧！帶著畫作跑遍世界行不通，那就在巴塞爾舉辦畫展，同時展示幾幅我要賣的畫作。定期舉辦畫展，不正是史洛斯先生 1947 年辭世後我一直想做的事嗎？一切應該從原點出發。

貝耶勒藝廊舉辦了一系列的畫展，從「立體畫派展」、「蒙德里安展」、「保羅·克利展」等，每次畫展的反應十分熱烈，讓我們能陸陸續續賣出不少之前向湯普森購買的畫作，其中我特別要提舒馬蘭巴赫先生(Werner Schmalenbach)，接任剛成立不久的北萊茵－西法倫州藝廊主任一職，買了一系列的畫作。

貝耶勒從美國收藏家湯普森那兒購得約九十五幅賈克梅第的作品，如此重要的典藏從美國飄洋過海到瑞士貝耶勒藝廊，在巴塞爾是轟動一時的大事。也在此時，貝耶勒和紐約的藝術經紀人和藝術家開始聯絡，有了交情，並且在紐約現代美術館館長威廉．魯賓（William Rubin）、沃爾特．巴雷斯（Walter Bareiss），以及畢卡索之間穿針引線，紐約現代美術館在1971年2月15日免費獲得畢卡索1911年的雕塑作品《吉他》（*La Guitare*），史上第一個建構式的雕塑作品。這張照片是賈桂琳．畢卡索拍攝，並由畢卡索簽名紀念，是貝耶勒傳奇的珍貴紀念。

9

湯普森續集——
繼保羅·克利系列作品，接著是賈克梅第的雕塑作品

莫里：從湯普森那兒購得百幅保羅·克利的畫作，接著是三百四十幅其他畫作，湯普森又打電話給您。

貝耶勒：兩年後，湯普森想賣掉他所有賈克梅第的作品。湯普森當年擁有九十件賈克梅第的作品，是世上最多的賈克梅第作品收藏。事實上，在我之前，湯普森試著把賈克梅第的系列作品賣給洛杉磯的明星和製片，但最後沒有成交。所以他才打電話給我。我再度（應該說第三次）成了次要選擇。次要選擇有個好處，就是我知道湯普森對第一選擇未能成交感到扼腕著急。這次賈克梅第九十件作品收藏又是一次難得的機會。我和蘇黎世的兩位收藏家兄弟漢斯（Hans）和華特·貝特勒（Walter Bechtler）討論，認為瑞士應該為未能收藏多一些賈克梅第的作品感到慚愧，因此我們決定合作向湯普森買畫。這對兄弟檔巧妙結合朋友、蘇黎世市政府、省政機構的力量，甚至到中央政府層級，幾乎是動用了瑞士全國的力量，直接向湯普森確認買了。貝特勒兄弟的想法非常好，瑞士一開始錯失購得賈克梅第作品的機會，現在要迎頭趕上。可惜事與願違，蘇黎世一家大銀行的總裁，和美術館館長都不欣賞賈克梅第的作品，拒絕向貝特勒兄弟購買這些畫，貝特勒兄弟只好放棄購畫。湯普森得知消息後大為震怒：「我原本一直以為瑞士人說話算話！」盛怒下的湯普森揚言要一幅一幅分開賣掉賈克梅第的作品收藏。當時銀行貸款已經讓我倍感壓力，但我還是咬緊牙關，提議以相同的價格減掉佣金買下所有的作品，湯普森一口就答應。

您和湯普森有不錯的交情，這次的購畫應該也很順利。幾次的購畫經驗，您和湯普森之間算是建立了合作關係了？

也不盡然，因為事情從來就不是那麼簡單。當賈克梅第的雕塑作品、畫作、素描到巴塞爾時，我發現居然少了三件作品，而且是最重要的作品。我馬上打電話給湯普森問這是怎麼回事。湯普森告訴我：「因為您少付了佣金，很抱歉，我無法把所有的作品都交給您。」他強調我還少付他三萬五千美元。我整個人震驚又失望。我一切都照著律師所交代的方式付款。我的律師建議我在匹茲堡告湯普森。我心想要如何在湯普森的地盤控告他，更何況匹茲堡的法官歐布萊恩(O'Brien)是他的好友。最後，我還是多付了額外的三萬五千美元才拿到那三件賈克梅第的作品。我沒有其他的辦法，總而言之，這是最快速有效的辦法。

湯普森對藝術家的態度如何？

他喜歡挑戰，喜歡挑戰別人的能耐。有一天我們和賈克梅第夫妻在巴黎碰面用餐。湯普森在香榭麗舍附近的餐廳訂桌。由於湯普森不識法語和義大利語，而賈克梅第又不懂英語，因此溝通上有點問題，不過我們還是盡可能交談。我直接和賈克梅第講話，突然間湯普森打斷我們，問我要喝什麼酒。我回說：「和賈克梅第一樣的酒。」湯普森回說：「喔！那是專門給賈克梅第喝的酒。」我說：「我無所謂，那我就喝另一瓶酒。」賈克梅第似乎猜出我們之間的對話，表示他要喝和我一樣的酒。湯普森說好吧，卻給賈克梅第點了一瓶葡萄酒，再點不一樣的給我。為了讓兩邊都開心，我喝了兩杯酒。我們繼續享用晚餐，大家喝了不少酒。賈克梅第突然扶著頭，眼皮沉重，像是快睡著了。湯普森對賈克梅第說：「你累了。你為什麼這麼累？」

賈克梅第回道：「因為我很辛苦工作。」
湯普森說：「如果你工作太辛苦，我可以幫你忙。我付錢讓你不要工作。」湯普森說著說著就拿出支票本寫支票。這時賈克梅第突然清醒了，「等等，有什麼條件嗎？」

湯普森說：「如果你工作太累太辛苦，我付你二十五萬美元，讓你不必那麼辛苦，只要幫我和貝耶勒工作就好了。」
賈克梅第回道：「辦不到。我和皮耶·馬諦斯藝廊、瑪格藝廊（Maehgt）都有簽約……」賈克梅第靠近我問二十五萬美元值多少錢。我算了一下，差不多一百萬瑞郎。

賈克梅第悄悄告訴我：「這樣不夠。」

我回說：「以您的生活方式，綽綽有餘。」

賈克梅第問我：「拿這二十五萬美元能做什麼用？」

我說：「可以環遊世界……」

賈克梅第回說：「我沒興趣……」

湯普森收起支票本，不再談這碼事。晚餐後我們道別，我打算去立普酒館喝杯啤酒，賈克梅第太太先回家睡覺，於是賈克梅第陪我去喝一杯。賈克梅第對湯普森的提議十分好奇，畢竟那是一筆大數目。我們繼續談著這件事，剛好我們的朋友扎拉（Tristan Tzara）也進來喝一杯。賈克梅第把事情始末告訴扎拉，未料扎拉大叫：「如果二十五萬美元就把你自己賣掉，那你就是大笨蛋！」我們不再討論這件事，往後也絕口不提了。

湯普森基於什麼動機有這樣的提議？

對他而言，這是挑戰，也是遊戲。幾天後我再見到湯普森，他告訴我他早就知道賈克梅第不會答應，他想玩一下，因為賈克梅第在餐桌上快睡著了。事實上，他打著如意算盤。如果賈克梅第拿了他的支票，湯普森才是最大的贏家。如果賈克梅第真的不再創作，他的作品收藏價格會大幅增值，如果他繼續創作，也只是為我和湯普森創作。怎麼算湯普森都是贏家。湯普森的老謀深算，令人甘拜下風。

您從湯普森那兒購得賈克梅第九十件作品，賈克梅第應該很滿意他的作品回到瑞士吧？

我購得賈克梅第的九十件作品後，就在藝廊展示了所有作品。我告訴賈克梅第，我很堅持把他的作品都保存在瑞士，因為瑞士之前錯過太多收藏他作品的機會了。賈克梅第聽了之後告訴我：「那需要一筆很可觀的資金。說不定我的雕塑作品五十年後可能值五萬瑞郎！」賈克梅第當年俏皮風趣的玩笑，數十年後看來，卻十分精準。經過兩年辛苦的協商，貝特勒兄弟和蘇黎世的一些朋友終於把賈克梅第的作品都留在瑞士。在格雷瑟（Hans Grether）的協助，成立了美術館。如今近四分之三的作品在蘇黎世藝術中心，不到四分之一的作品則在巴塞爾美術館，其餘幾個零星作品在溫特杜爾的美術館裡。三年後根據《新蘇黎世報》（*Neue Zürcher Zeitung*），光是賈克梅第一件雕塑作品在紐約賣出的價格，就相當於蘇黎世收購所有賈克梅第作品的總價。

賈克梅第兼具山民和僧侶的特質，對細節有著無比的堅持和執著。賈克梅第曾說他的雕塑作品鼻子和耳朵的距離，可以繞地球一圈還綽綽有餘。從賈克梅第的作品我們可以感受到他悠遊在材質和空間之間，緊密運用，成為其作品的特質。在賈克梅第許多展出的作品中，貝耶勒將1960年的作品《行走的人》(*L'homme qui marche*)和1958年的畫作《迪耶哥》(*Diego*)一起展出。

10

追求真理——賈克梅第

賈克梅第不爲當代人創作，也不爲未來的世代創作。
他創作的雕塑最後會令往生者也傾心……我不是早說過嗎？
賈克梅第的作品向我們表示他最誠摯友愛的想法。

日奈｜Jean Jenet
《賈克梅第工作室》*L'Atelier d'Alberto Giacometti*

莫里：您從湯普森那裡購得賈克梅第最重要的作品收藏。您估算過它的價值嗎？

貝耶勒：我和湯普森見面前就認識賈克梅第，也知道他的作品。我之前就曾賣過幾件賈克梅第的作品給美國收藏家，美國人似乎一開始就很欣賞他的作品。

如何形容賈克梅第？

一開始接觸時我們就感受到他的與眾不同。他融合了山民和僧侶的特質，說話聲音宏亮，帶著濃厚的義大利腔。賈克梅第出生成長於瑞士的博格諾瓦山谷(Borgonovo)，瑞士南部近義大利邊境的偏遠地區。出生成長於瑞士的賈克梅第，仍保有義大利人的活潑和熱情。他在巴黎工作時，工作室簡陋灰暗。他一生以工作為重，創作是他人生首要目的。多數人並不了解他的作品，只記得他似乎重複創作體態纖長的雕塑。他很少參展，因此多年後世人才懂得欣賞這些體態纖細的雕塑作品獨特動人之處，逐漸走入賈克梅第藝術創作的世界裡。他灰暗色調的畫作，使他聲名大噪。但他的生活很快陷入充斥著不滿和毀滅的陰影。他不斷重新創作，對完成的作品永遠不滿意。他毀壞很多自己完成的作品。

他有玉石俱焚的一面？

是的，他有時會提到。他銷毀自己的作品並不是為了破壞而破壞，而是因為這符合他創作的方式，就是知其不可而為之，在藝術創作的路上仍努力尋找真理。他並不是那種陰鬱型的藝術家，我們見面時，他談起人生總是充滿熱情，讓人覺得很可親。但是他一心一意執著於藝術創作，完全不顧及他的健康、生活情況和基本的舒適。

賈克梅第的另一半安妮特是怎麼樣的人？

安妮特對賈克梅第用情很深，基本上他們是在各方面都很相似的夫妻。安妮特和賈克梅第相識於日內瓦一次藝文人士聚會，當時賈克梅第仍是默默無聞的藝術家，但是他充滿個人魅力，講話時總是吸引很多人的目光。安妮特一見面就對賈克梅第留下深刻的印象，認為他前途不可限量。但是她也很清楚，一個以工作為重的男人，是個全然自私的男人。多年來她總是無怨不悔陪伴著專注於工作的賈克梅第。然而，兩人最後漸行漸遠，在彼此的默許下，有了某種程度的自由。

您和賈克梅第夫婦兩人都有不錯的交情。
賈克梅第私底下如何？

其實我和賈克梅第並沒有那麼常碰面，我不想耽誤他寶貴的時間。他有很多朋友。大戰期間，他從巴黎搬到日內瓦。1945 年戰爭結束後，他打算搬回巴黎位於依波利特曼端街（rue Hippolyte-Maindron）的工作室。賈克梅第和日內瓦的朋友道別，他從事出版藝術書籍的好友史基拉（Albert Skira）問他要如何把所有的雕塑作品搬回巴黎。賈克梅第從口袋裡拿出一個小火柴盒，裡面裝了三到四件小巧的雕塑作品。他把作品縮到極小，讓他能隨身攜帶著。賈克梅第不希望只局限在一個國家發展，從零開始，努力成為世界級藝術家。賈克梅第私底下就是總是專注於工作。

您是瑞士藝術經紀人，和出生成長於瑞士的賈克梅第應該有特別的交情。

其實瑞士對賈克梅第的影響並不大。他出生於瑞士，但長年定居巴黎，講義大利文，作品多半賣到美國。他是瑞士公民，但不願局限自己只是瑞士藝術家的身分。雖然長年定居在國外，他經常回家鄉探望母親。賈克梅第來自藝術家庭，許多親朋好友包括他的父親喬凡尼都是藝術家。但是在藝術創作上，賈克梅第很早就脫離父親的影響，自成一格。從他早期的作品不難看出，他要有自己的風格。儘管他執意要走自己的路，仍十分敬重父親的作品。賈克梅第 1922 年開始定居巴黎，在大茅屋學院（l'académie de la Grande Chaumière）追隨布爾戴勒（Antoine Bourdelle）學習雕塑。十年後他首次展出作品，在巴黎的柯樂藝廊（Pierre Colle）展出作品。賈克梅第的弟弟迪耶哥幫他打理一切。迪耶哥很早就起床，看哥哥前夜的創作，他覺得很好的作品馬上打石膏模，救了不少作品，因為這些作品在賈克梅第中午醒來時很可能被他摧毀。

賈克梅第自 1927 年結識了米羅、阿爾普（Hans Arp）、恩斯特、畢卡索等超現實主義派的藝術家，尤其是認識了普魯東（André Breton），也加入超現實主義畫派的行列。

1964年春天在貝耶勒藝廊的賈克梅第展，照片裡有著門框卻沒有門，門框內是賈克梅第1941年的作品《大人型》(*Grande figure*)。左邊是1964年的畫作《穿著黃色上衣的安妮特》(*Annette à la blouse jaune*)。空間的設計可提升藝術作品的價值，在空間上的運用，貝耶勒是高手。

畢卡索似乎無所不在……

其實認識畢卡索很危險。他總是有辦法改變你原來的志向。有些人比較有定力，力抗畢卡索的影響，比如說雷捷。至於其他人就敬而遠之，選擇逃避，比方說德漢（André Derain），才華洋溢，卻把更多的時間花在女色、名車、美食上。賈克梅第比畢卡索年輕二十五歲，兩人年紀差距大，卻經常往來，成了忘年之交。畢卡索會聽賈克梅第談人生，當賈克梅第跟他談人生真理時，畢卡索直截了當回他說：「人生不是只有一個真理，而是有一百種可能性。」畢卡索覺得人生真理的話題很無聊。當畢卡索覺得和一個女人相處開始感到無聊，二話不說就離開她，他從不去想那些深奧的人生哲理。

賈克梅第反應如何？

賈克梅第有著山民堅定的性格，鍥而不捨，而且熱愛雕塑到忘我，他仍執著於他追求真理的藝術創作。他年少的夢想，天馬行空的奇想，幫助他不斷探索新的藝術表現的可能性，從他的作品《清晨四點的王宮》（*Palais à quatre heures du matin*）可見一斑。

是美國人發覺賈克梅第？

一開始是幾位法國和瑞士友人。柯樂藝廊早在 1932 年即展出賈克梅第的作品。十三年後皮耶·馬諦斯在紐約為賈克梅第舉辦了大規模的作品回顧展。這次的藝展是賈克梅第對藝術創作多年思考的結晶。他表達自己對真理追求，內心世界的真理，展現知其不可而為之的人生哲理。他執著追求真理的精神令人感動，他以無比堅定的意志追求藝術創作，不惜犧牲自己的健康。他的作品裡有足夠的人生哲理來表現他追尋真理的過程，但他不以此為滿足，每天仍嚴格自我要求，繼續下去。賈克梅第說：「我的雕塑作品鼻子和耳朵之間的距離，可以繞地球一圈還綽綽有餘。」賈克梅第在紐約的回顧展，對他的藝術生涯有決定性的影響。不過，我們不能說賈克梅第在美國藝術界平步青雲。巴塞爾藝術中心於 1950 年也舉辦賈克梅第回顧展，瑞士收藏家莎雪(Maja Sacher)買下賈克梅第前一年完成的雕塑作品《廣場》(*Place*)，捐贈給巴塞爾美術館。賈克梅第於 1961 年榮獲匹茲堡卡內基學院的雕塑大獎。往後賈克梅第隨著藝展和藝品的買主遊走於瑞士和美國之間，但仍定居於巴黎。四處旅行的他，還是會回到他位於瑪洛嘉(Malogia)，介於史坦巴(Stampa)和聖莫里茲(Saint-Moritz)之間的老家。

他回老家轉換心情充電?

在老家待一陣子對他很重要,因為在老家的生活和他在巴黎的生活非常不同。在老家一切由母親作主。賈克梅第的母親很令人難忘,對賈克梅第一生有很重要的影響。我還記得有次我到她家作客時,她問賈克梅第:「為什麼你總是畫灰暗的色調呢?為什麼你不創作一些豐滿圓潤的女體雕塑作品呢?」賈克梅第眨眨眼回答母親:「我每次開始雕塑創作都是豐滿圓潤的女體,到最後都變成纖細瘦長的體態。我一開始畫都是搶眼的色彩,但最後都變成灰色。」賈克梅第想表達的是人存在的本質。現在我們會覺得多年來賈克梅第創作的都是同個人,尤其是弟弟迪耶哥和太太安妮特。因為迪耶哥和安妮特分別代表我們這個時代的每位男人和女人,他們成了新的傳奇代表人物。

貝耶勒如此形容達比埃斯：「繼米羅之後，達比埃斯帶來新的創作方式，運用各種生活素材，即使知道創作的過程可能受限於材質，他仍樂此不疲。他多方嘗試不同的生活素材，突破素材的限制，淡定揮灑，不著痕跡。」

11

材質創作——杜布菲和達比埃斯

要小心翼翼避免破壞畫作的清新感，
更不要過度消耗心靈的感受。

杜布菲 | Jean Dubuffet
《令人窒息的文化》*Asphyxiante culture*

莫里：對一位藝術經紀人而言，和一位重要的畫家簽訂專屬合約，從商業角度來看，既尊榮又有利。您和不少藝術家都有很好的交情，但唯一有專屬售畫關係的，就只有杜布菲。為什麼？

貝耶勒：藝術經紀人如果和幾位藝術家有專屬合約，那就很難專心經營從印象畫派到現代畫派的廣泛收藏。我一直都希望能有自主的空間，向一位畫家或是雕塑家買我喜歡的作品。我有興趣的畫家的畫風非常不同，從塞尚、梵谷、保羅·克利、蒙德里安、雷捷、畢卡索，到當今美國和歐洲的畫家。還有就是完整的畫作收藏……多元而廣泛的藝品珍藏，是歐洲或是美國藝廊很難見到的。

您如何認識杜布菲？

透過普蘭克認識，普蘭克和杜布菲兩人常見面。普蘭克一開始就很喜歡杜布菲的畫作，想一次向巴黎的奧古斯汀尼藝廊（Augustini）購買十多幅作品。我當時並不是很贊同，我覺得十多幅畫太多了。最後普蘭克勸我和杜布菲見個面，於是我們約好在巴黎的蒙巴納斯區（Montparnasse）的咖啡廳見面。杜布菲原本和其他的藝術經紀人有合約，唯一能不必透過他的專屬藝術經紀人直接賣的是他的石版畫作。不過後來他和皮耶·馬諦斯藝廊解除合約，他抱怨皮耶·馬諦斯想保留他的畫而沒有積極賣畫。杜布菲認為皮耶·馬諦斯刻意屯積他的作品，等到畫作價格上漲再賣，利用他的作品賺更多錢，這點令杜布菲非常氣憤。其實我了解皮耶·馬諦斯並不是只追求利潤的藝術經紀人，而是他真的有困難把庫存的畫賣出去。皮耶·馬諦斯是傳統的藝術經紀人，依自己的腳步賣畫。至於我，我很清楚我們舉辦的畫展，必須介紹一位當代的藝術家。於是我聯絡了在巴黎珍妮·彼歇藝廊（Jeanne-Bucher）的傑格（Jean-François Jaeger），一起合作。

您欣賞杜布菲畫作的哪部分？

我最喜歡他初期的作品，尤其是肖像畫。不過之後他創作一系列的「烏路波」（*l'Hourloupe*），固定重複的模式，我比較難去欣賞。他創作靈感開始枯竭，他自己都感覺到。他後來跟我坦白說，他沒辦法往回走，因為他沒有力氣也沒有動力尋找新的東西。這時我們不得不讚嘆畢卡索的創作天分，他不會重複畫相同的畫，而是不斷改變風格，費盡心思與時間，才能創新。

可否形容一下杜布菲本人？

非常有意思的一個人。他經常思考繪畫與文學的關係，以及哲學議題。他喜歡談他的創作，詳盡描述他如何著手研究工作，尤其是材質的運用。杜布菲一向花很多心思在材質上，尤其是早期創作時。杜布菲一開始在家族的葡萄酒銷售公司工作，後來才棄商從畫，很晚才專職從事藝術創作。他經常旅行在外。因此他對藝術保持著某種距離，但同時又熱愛藝術。

身為一位畫家的專屬藝術經紀人會不會很困難？也就是要全盤接受，即使有我們自己都不想買的次等畫作，我們還是得盡義務賣掉？

「烏路波」的雕塑系列作品的確是個麻煩。這些雕塑作品還算是成功的作品，但可有可無，這對要負責銷售的藝術經紀人的確有點頭疼。那怎麼辦呢？我都很難給自己一個滿意的答案。我一直希望杜布菲在藝術創作上能登峰造極。

您和杜布菲的專屬合約持續了多長的時間？

幾年的時間，後來是他主動要求終止合約，因為我當時想買他在德國的一些畫作，那些畫作真的是佳作，非常清新。但是他不願意我以個人的名義買他的畫作，指控我利用他的作品謀利，就像之前他指控皮耶·馬諦斯一樣。

這令人不得不想到藝術家和錢之間的關係。

藝術家常讓人覺得他們很不在乎錢，我可以很篤定的說，他們其實非常在意錢。藝術圈流傳著一個有關夏卡爾的經典小故事。有位美國人去拜訪夏卡爾，打算買他的畫作。

夏卡爾表現十分淡定，表示他不管畫作的價格，請這位美國人和他的太太洽談。這位美國收藏家開始和夏卡爾的妻子討論，突然間他從鏡子裡看到夏卡爾正在和老婆比手勢示意售價。這其實沒什麼好大驚小怪的。多數的藝術家都很在乎錢的問題，賈克梅第、培根（Francis Bacon）、畢卡索是例外。畢卡索有著驚人的創作量，因此他根本不必在乎畫的價格，這對他是芝麻小事。畢卡索辭世後，在他家發現了一疊又一疊不再流通的紙鈔，還有不少沒有兌現的支票。畢卡索很不在意錢，因為他像中央政府一樣，很能生財，因此他覺得自己和神一樣無所不能。杜布菲非常在意他作品的價格，關切他畫作的價值，他很怕別人背著他大賺一筆。

與杜布菲的專屬合約讓您有機會購得經典作品？

我只能購得一些「烏路波」系列作品，但沒買到肖像，我認為肖像才是杜布菲的代表作品。我和杜布菲見面時，肖像作品已經賣出，之後我沒時間找這些肖像畫。您看他的作品《迷途旅者》（*Le Voyageur égaré*），是杜布菲以現有的自然材質創作的，而畫的中間有位迷途的人，和培根或是賈克梅第作品中孤絕的人型，同樣反映著現代生活的一面。這三位藝術家在作品裡呈現的方式，在畢卡索強勢狂流下，仍保有其獨特的美感。在畢卡索之後，要如何在畫裡表現人物？杜布菲找到了創新的自我風格，令人耳目一新。這可不是容易的事。

杜布菲在材質上運用和達比埃斯十分相近？

達比埃斯的靈魂是全然的西班牙，深植在西班牙的土地上，尤其是加泰隆尼亞(Catalan)的歷史裡。這靈魂的根源真實傳達著他與世界的關係。繼米羅之後，達比埃斯帶來新的創作方式，運用各種生活素材，即使知道創作的過程可能受限於材質，他仍樂此不疲。他多方嘗試不同的生活素材，突破素材的限制，淡定揮灑，不著痕跡。這也是為什麼達比埃斯很難再回到以油畫創作。重返油畫創作等於是走回頭路，回到他早已超越的藝術表達形式。

您和達比埃斯私下交情不錯？

是的，我會去西班牙拜訪他，有時是他來瑞士看我。我希望有天能舉辦我夢想中的達比埃斯回顧展，展出我精選的作品。相信我，絕對會令大家驚豔。

達比埃斯的畫如何裱框才是最理想的？

避免在素材上加上素材，保留畫中素材的純淨，最好不要裱框，只要畫架即可。達比埃斯常用木質和布料實驗創作，很多素材並不適合沈重的裱框。米羅的畫作也有相同的問題。對我而言，在運用各種素材是要特別小心，避免日後無止境的修護保存工作。很多藝術家在創作時不太會想到畫作保存的問題。這點真的很奇怪，講到這裡我不得不回到杜布菲的話題。杜布菲創作時喜歡用馬克筆，可惜用馬克筆的畫，隨著時間會漸漸淡去，最後消失了。杜布菲明明知道這一點，還是繼續用馬克筆。

這不正是現代畫派的特色之一嗎？

對保羅·克利而言，是如此沒錯，一幅畫可能毀損，或是有時間性，這正是現代藝術新的哲學思維。保羅·克利喜歡運用鉛和沙在畫布上創作，尤其是對大幅的畫作，其實是非常脆弱的。

您只喜歡杜布菲一部分的作品，您曾後悔和他有專屬的合作關係嗎？

不後悔，也許這和我入行的工作性質有些不同，有機會從不同的角度觀察事情，不同的方法做事。我知道有些同行的朋友喜歡這樣專屬的合約，專注在某一位藝術家的生涯和作品。有些人甚至介入藝術家的創作，要求修改畫作，影響藝術家的個人風格。對我個人而言，這簡直是不可能的事。藝術作品令人讚賞與否，不是我們能左右的。

1970年12月11日。畫展開幕和慶祝活動(照片是馬克·托比的生日和他的幾幅畫作)不僅是歡樂時光,同時也是分享交流的好時機,讓愛好藝術作品的同好見面,觀賞新的畫作。加勒比海裔的音樂家歇斯特·吉爾(Chester Gill)在貝耶勒藝廊的二樓彈吉他演唱。圖中最右邊的是馬克·托比,托比的後面是貝耶勒。貝耶勒的妻子希爾蒂在歇斯特·吉爾的後方。

12

藝廊的日常生活

莫里：可否描述在藝廊每天工作的情況？

貝耶勒：花很多時間講電話，收發傳真確認，收發信件。還有拜訪藝術家和收藏家，參觀博物館，整理資料，花時間研究畫作的歷史和比較，接待訪客，展示畫作，以及畫作的裱框，這就是藝廊平時工作的情況。對我而言，最令人振奮的是掛畫的安排：如何擺置多元的畫作，做為某個時期的藝術代表。

聽您這麼說，經營藝廊算是藝術色彩濃厚，不過財務和行政方面的工作也非常重要。

沒錯，絕對很重要。經營藝廊經常和有錢的客戶打交道，賣畫有時很難收到錢。有不少財力雄厚的收藏家把畫作帶走後，但講到付款時總是在考驗我們的耐心。這樣的情況有時很棘手：即使我們很希望顧客買畫能馬上付清，因為當我們買畫時都必須馬上付款；但如果客戶不馬上付款，我們也不能生氣。我很早就學到經驗，一定要很有耐心。

有多少人為您工作？

貝耶勒基金會美術館約百餘人，藝廊則有五人。貝耶勒基金會美術館成立時間還不長，我不太習慣管理這麼大的機構。在藝廊我們彼此很熟，每天都見面相處。我喜歡做事快速有效率，每位成員都知道自己份內的工作，這樣也不會浪費不必要的時間。

藝廊最重要的任務是？

舉辦畫展。以前找畫作要花很多時間。當年藝廊不像現在這麼有名氣，而且我在畫作的品質上絕不妥協。要求的程度也愈來愈高，所以我們一直在壓力下工作。我很羨慕我在巴黎的同行在藝廊裡還有閒情看報紙。我唯一有機會能在藝廊裡閒著沒事看報，就是 1973 年石油危機時。

您舉辦過兩百五十次畫展，其中三十一次是主題畫，有時是非常創新的主題畫展。這些畫展的點子是如何醞釀的？

一開始都是同個想法：我們想展示什麼？接著是問一個問題：什麼能讓人振奮眼睛一亮？我們在地上擺了一些畫，環顧一下這些畫，有時想法就自然醞釀。有時是在搭火車時突然有新的想法，或是在山裡漫步時心情輕鬆，特別容易有靈感。因此當我們有一批色彩鮮明而且清新的畫作時，馬上想到的主題就是「生活樂趣」(Joie devivre)。

不過我們最成功的畫展應該是1993到1994年的「神奇的藍」(Magic Blue)、1995年的「誰怕紅色」(Who Is Afraid of Red……?)、1996年的「我愛黃色」(I Love Yellow),畫展裡的畫作大受歡迎被搶購一空。我們也舉辦回顧展,舉凡塞尚、馬諦斯、野獸畫派、立體畫派、蒙德里安、培根、布里、雷捷、杜布菲、夏卡爾等,當然還有幾次保羅·克利、畢卡索的回顧展。我特別喜歡舉辦兩位藝術家的對話聯展,比方說拉瑞歐諾夫(Mikhail Larionov)與貢查諾娃(Gontcharova)的聯展、米羅和考爾德(Alexander Galder)的聯展、李奇登斯坦(Roy Lichtenstein)和史特拉(Frank Stella)的聯展、阿爾普和米羅的聯展。如此的雙人聯展,每幅畫互相輝映,令人讚嘆。比方說馬諦斯與畢卡索的聯展,是二十世紀最重要的藝術家之間的對話,每幅畫之間交流著,豐富彼此的內涵。

畫展的主題定下來後,您就開始借畫?

我們幾乎每次都能借到我們想要的畫作。世界各地的美術館都知道我的原則並非只要著名畫家的作品,最重要的是畫作的品質。至於我,我只出借絕佳畫作,這樣嚴格的標準讓我們在借畫的過程更順利。可惜的是現在私人收藏家愈來愈難出借藝品,原因是保險的價格,出借時畫作可能受損,搬運畫作等細節,甚至稅務的事,讓人很頭痛,所以私人收藏家愈來愈不願意出借畫作。當您認識的一些私人收藏家擁有經典畫作可能讓畫展留名，卻無法借到畫作，真覺可惜了。

接著談最令您振奮的部分——掛畫。
掛畫的過程是如何進行？

在藝廊裡我們可以擺九十幅畫作。我在二十年前請人在房子的底下挖了個空間，就是為了掛大幅的畫作。除了畫作大小的問題，我們因為很了解藝廊裡的每面牆、每個角落，所以事先在腦海裡就有些構想。不過有時必須實際上拿著畫作，在藝廊裡比畫一下才知道，這得花上幾天的時間。我們幾乎都是以時間先後為排序，讓前來看畫展的訪客對整個畫展有個概念。不過有些小主題的畫作就不拘泥於年代先後的排序。如何讓畫作之間能相互輝映？一幅畫必須要有自己的空間。這和現今年輕一代美術館專業人士的作法南轅北轍；年輕一代著重於歷史年代的排序，而忽略了美學。他們通常把經典巨作和小名畫混在一起掛。如此一來，經典巨作價值漸失，意義淡化。許多中等平凡的作品扼殺了品質。這正是當今巴黎奧賽美術館的寫照，真的很可惜。

掛畫之後，談談照明吧！

藝廊是在一個老房子裡，電的設備雖然不是百分之百理想，但足以襯托畫作的價值。還有窗戶的位置，引入光線，也是非常重要的。在藝廊裡舉辦無數畫展的經驗，讓我們對後來貝耶勒美術館的興建有些想法。這寬廣的空間的確啟發了我們不少靈感。

您在藝廊舉辦過無數的畫展，可曾有任何的遺憾？

曾發生過我們很想展出一些畫作卻無法展出的情況。我不能說我曾辦過不好的畫展，倒是有些展畫的藝術家無法經過時間的考驗。比方說，我們曾展出的巴黎畫派（L'École de Paris）的畢費（Bernard Buffet）、馬尼西葉（Alfred Manessier）、巴贊（Jean Bazaine）的畫展，結果是不了了之。我們也曾看走眼，但是總是能從錯誤中學到經驗。

藝術家一直很在意畫展。他們在乎的是畫展的品質還是畫展能推銷畫作？

在 1960 年代恩斯特曾借給我畫作展示，可惜在畫展裡我只賣出兩小幅畫作，我感到很難為情，很怕再遇到他。但是心裡一直很掛念他的作品，因此後來我在藝廊辦了一次恩斯特個人回顧展。恩斯特在畫展開幕時告訴我：「這是所有藝廊舉辦過最好的回顧展！」恩斯特的熱誠讓我鼓起勇氣告訴他上次只賣出兩小幅畫讓我都不好意思再去見他。恩斯特回道：「賣畫難，很正常，我可以了解。」恩斯特寬容的心和藝術天分，其畫作絕對值得在貝耶勒基金會美術館扮演重要的角色。我至今仍與有榮焉。

您的藝廊專注於現代藝術畫作，您可曾想過多元化，朝這幾十年非常熱門的攝影作品？

我們曾在1998年舉辦了一場卡蒂耶－布列松（Henri Cartier-Bresson）的攝影展，有部分原因是基於我和他的友情。不過這是我們藝廊唯一的攝影展。攝影作品是另一個世界，有其人脈和顧客群。我真的只是門外漢。

藝廊的目錄對藝廊的經營和銷售畫作非常重要，您似乎一開始就了解這點。

目錄是宣傳的工具，同時也是為某一時期留下紀念。我曾夢想過擔任編輯，因此十分熱愛藝廊目錄的設計與製作。我們通常印發一千本或是兩千本目錄，別小看這些目錄，收錄了從未結集的畫作，可作為重要的藝術參考資料。藝術家們看到藝廊的目錄時，很驚豔。即使是宣傳手法，我們也堅持要有藝術的美感。

還有一年一度的「巴塞爾藝術博覽會」（la foire de Bâle, Art）**，讓您有機會展出藝廊畫作。**

我是巴塞爾藝博會的創始人之一。這個藝博會是繼科隆藝術展之後而創立的。我一開始並不是很有興趣，因為我不喜歡藝術庸俗化或是太平凡無奇的商業展。但是主辦人員和兩位藝廊同事表示，如果我不想加入，他們就放棄這個計畫。我當時想，這樣的藝博會，應該可能幫巴塞爾逐年建立起國際聲望。現在回想起來，我一點也不後悔當初加入創立藝博會的計畫，我非常開心。當年剛開始必須有很強的動機。藝術拍賣市場競爭愈來愈激烈，幾乎都是很在行的藝術經紀人或是藝術專業人士在拍賣會上買畫，因為拍賣會上並不像藝廊保證畫作的真實性。在瑞士創辦一個藝博會可以與傳統的藝術拍賣會區隔，而且可以吸引世界各地的藝術愛好者。地點呢？巴塞爾對辦藝博會興趣濃厚，馬上就開始動員組織。一旦巴塞爾藝博會開幕，一切也跟著動起來，各地的藝廊紛紛來展示畫作。貝耶勒藝廊在第一次的巴塞爾藝博會就有個攤位。我很快就發現必須擴大成國際性的藝博會，因為前來參觀的訪客都是積極遊走於紐約、倫敦、巴黎拍賣會的人。因此我們當初承受很大的壓力，絕對不能草率行事，得萬無一失。我們每年都試著以一位畫家或是一個主題，展出十幅大的畫作，二十五幅較小的作品。還有要小心不讓一幅畫過度曝光以免貶值。每年一次的巴塞爾藝博會，分別有開放給專業人士和一般藝術愛好者的時間表，每年吸引從世界各地來觀展的人潮。在經歷三十三屆藝博會，巴塞爾藝博會於 2002 年 12 月走出瑞士，在美國的邁阿密開設了北美地區的藝博會，成效斐然，十分受到好評。

有沒有一些畫作是您不願展出，避免過度曝光而貶值？

有些畫作比較適合在比較私密的環境下出售，保持新鮮感，讓買家有驚喜的感覺。比方說，在巴塞爾藝術展上展出梵谷的畫作就非常棘手。

展示畫作必須選擇適合的畫框。您個人喜歡什麼樣的畫框？

很多畫作要重新裱框。整體而言，大家（包括藝術專業人士）偏好厚重的畫框，以彰顯畫作的重要性，不幸因此常扼殺了畫作。依據一幅畫的價值和重要性，我們常見金光閃閃或是厚重的畫框。不只是印象派畫作深受其害，連現代藝術如畢卡索或雷捷的畫作也飽受其苦。一般而言，保留最簡約的木質畫框是最好的，這也是很多藝術家愛使用的框材。但同時也不要忽略每幅畫都是打算要賣出去的，所以能讓畫作看起來更有價值的畫框還是有其功用。

我們藝廊是最先引進從西班牙和義大利式的教堂或是修道院的古典畫框。我一次訂購了很大量，可以裝滿兩台到三台卡車，做為很多年的庫存。畫框一開始就是我們藝廊成功的要素之一，裱框代表我們的看法和風格。我們很早就捨棄當時很流行的華麗宮庭風格瑪麗－路意絲（Marie-Louise）畫框。隨後很多藝廊也跟進，尤其是巴黎的藝廊，學我們從西班牙和義大利進口的畫框。我們為畢卡索的畫作特別配上西班牙的畫框。裱框看似小事，卻代表對畫作的詮釋，最好有很大的自由空間。對於古典畫作，最好選擇同年代的框材，至於現代藝術畫作，就沒有一定的準則。無論是西班牙或是義大利的古典畫框，都能襯托出畢卡索畫作的價值。至於立體畫派的作品，在一般大眾的眼裡很不容易解讀，可以用畫框增加沈穩嚴謹的感覺，以提升價值。畫框除了框畫的功能，更能彰顯畫作的價值。看看這幅布拉克的風景畫，黑和金雙色的畫框，使畫作更有質感。這對賣畫很重要。不過說實話，如果是掛在我家，我只會用簡約的木質畫框。這是個人品味不同的問題。喜歡把畢卡索畫作掛在壁爐上面，當然就需要貴重的畫框彰顯畫作的價值。只要畫作不會淹沒在畫框裡，我們沒什麼好批評的。

在藝廊您得顧及畫作安全的問題。您的藝廊曾遭竊過嗎？

我們藝廊曾遭竊兩次，不過這不會令我過度憂心。我們被偷的是一小幅塞尚的畫，一幅夏卡爾。第一幅在巴塞爾被找到，第二幅是單幅版畫，被偷後完全下落不明。

您和所有的藝術經紀人一樣必須努力確認畫作的來源，並知道您把畫作賣給誰。是不是有些畫作之後下落不明？

我賣過的畫作，有些在伊朗被視為曠世巨作。伊朗王后熱愛當代藝術，1975 年派一位部長級重要人物來巴塞爾我們的藝廊。伊朗王后透過他買了畢卡索、雷捷、波洛克、達比埃斯、恩斯特、賈克梅第的畫作，還有德庫寧（Willem de Kooning）1951 年的畫作《女人之三》（*la Femme III*），總共約十五幅畫。她一心一意希望在德黑蘭創立一個現代美術館，這美術館在我看來，有太多紐約古根漢美術館的影子。伊朗發生革命後，這些畫作的命運如何？很多重要的畫作藏在美術館的地窖裡。2003 年我們有意展出這些封塵地窖多年的畫作收藏，但伊朗當局堅持我們要同時展出伊朗當代藝術作品，由於這和我們規劃的畫展主題不符，最後作罷。

買藝術作品常超越理性思考。貝耶勒必須對一幅畫作著迷才會想買畫。貝耶勒說：「這要透過眼睛、心神，甚至整個身體⋯⋯」在了解下產生的第六感，才能避免買到假畫或是假的證書。

13

買畫這行業

莫里：您曾遇過假畫嗎？

貝耶勒：1951 年我賣給巴塞爾美術館的史密特一幅馬諦斯的畫，還有塞尚的《浴女圖》，都是重要的畫作。我在紐約的羅森柏格藝廊（Rosenberg）看到這幅《浴女圖》，問了價錢。他們告訴我這幅畫已經被一個美術館訂走了。後來我在倫敦的一家藝廊裡又看到這幅畫。不知怎麼了，我愈看這幅畫愈不對勁。我心想，是不是因為我已經不能購得這幅畫了，所以才不喜歡這幅畫？我心裡有個聲音：不是！我就是看這幅畫有什麼不對。這幅畫事實上是仿畫，是佛羅倫斯著名的畫家法布里（Egisto Fabbri）閒來無事仿他家中珍藏塞尚的畫，模仿到可亂真。他仿的這些畫在他過世後才被誤認為是塞尚的畫。義大利藝評專家文杜里（Lionello Venturi）把《浴女圖》仿畫鑑定為塞尚的原創。這幅仿畫不僅是假的，連專家鑑定的證書都是假的。我最後有幸在紐約買到《浴女圖》的真品，之後賣給巴塞爾美術館。

您曾買過不少假畫嗎？

如果有藝術經紀人不承認曾買過假畫，那絕對不是真心話。不過，我覺得我算幸運。我曾買到假畫，但次數很少。我們藝廊經手過的無數畫作，多數沒看走眼。我們一直會確認畫作的文件和系譜，這些正式的文件有時比畫家本身的意見更為重要。

有一天我向一位收藏家買了一幅烏拉曼克(Maurice de Vlaminck)1912年的兩幅作品。基本上我只對烏拉曼克1905年到1907年野獸時期的作品有興趣，也就是他和德漢在藝壇最意氣風發的時候。那時期的畫風很明顯受到梵谷的影響。我後來把這兩幅畫賣給一對企業家夫妻，這對夫妻買到畫後很開心，馬上給烏拉曼克看。烏拉曼克看了這兩幅畫，很堅定說這是仿畫。其中一幅畫是劍蘭的畫。烏拉曼克說：「劍蘭是世上我最討厭的花！」他說完馬上拿了紅筆，在兩幅畫的背面寫上仿畫。跟我買畫的夫妻當然非常生氣。我該怎麼辦？我想到烏拉曼克與藝術經紀人坎維勒有獨家售畫合約，一直到1914年才終止。坎維勒有著德國式嚴謹態度，完整保留所有經手畫作的文件檔案。根據文件檔案，這兩幅畫確定是從烏拉曼克手中直接購得，而且還有照片為證。這正式的文件檔案證實烏拉曼克沒有說實話。坎維勒告訴我：「我們也不能對年邁的烏拉曼克怎麼樣。不過您可以提出畫作的文件，證明這是百分之百的真品，再賣出吧。」除了這麼做，似乎也沒其他的辦法。

所以藝術家們有時也分不清真偽。

畢卡索的一幅水粉畫(gouache)曾造成了不少困擾。某年普蘭克告訴我,耶誕節前不久在日內瓦有場藝術拍賣會。我其實不想在年底過節前買畫,但是我還是去看看。我看到一批很漂亮的畫作,還有一幅畢卡索的作品《梳洗的女孩》(*Fille à la toilette*)。這幅畫是畢卡索年輕時的畫作,畫得不錯,但不到令我心動的地步。我對畢卡索這時期的畫不熟悉,所以不想買這幅畫。不過賣畫的人堅持,我要嘛就全部帶走,不然就一幅都不買。我們還是成交了,我把整批畫都買下,不過很快就發現這幅是仿畫,非真品,於是回去賣畫的人那邊。賣畫的先生允諾一定會交給我們畫作是真品的證明。一年都快過去了,這位先生終於交給我們一份畢卡索簽名證實為真品的文件。其實我們大可以到此為止,把這幅畫賣出。但我堅信這幅畫是仿品,於是帶著這幅畫去看畢卡索。畢卡索倒是很直接了當說:「這是仿畫!」

我很驚訝問:「那您為什麼還簽署文件證實這是真品?」畢卡索答說:「您要我怎麼辦?畫主來找我,帶著那幅畫的照片,還有一個漂亮的祕書……所以我就簽字了。」畢卡索想馬上損毀這幅畫。我說:「小心,這可值不少錢!」

畢卡索出示真品（而非照片），並在文件上寫明我買的畫確實是仿畫。這文件讓事情有了轉機，賣我畫的先生必須收回這幅仿畫。幸好當時畢卡索還在世，不然就算我有那張原畫主給我的真品證明，我既不能把仿畫留著，也賣不出去。

所以真中有假，假中有真……

有些畫家有時會刻意標錯畫作的日期。蒙德里安和雷捷曾標錯一些畫作的日期，為的是不讓外界認為他們是受到藝壇先驅畢卡索的影響。比方說蒙德里安 1912 年畫的《尤加利樹》（*Eucalyptus*），卻被他標示為 1910 年的作品。妮娜·康丁斯基（Nina Kandinsky）常展示一幅她先生的水彩畫，算是抽象藝術開始的代表作，畫作有康丁斯基的簽名，標示 1910 年的作品。1910 年應該是抽象畫派的第一幅畫，具有代表性。但事實上，這幅水彩畫是 1936 年才簽名並標示年份，實際作畫的年份是 1914 年。

有仿畫的市場，也是因為有人願意收藏仿畫……

我只能說，誠信最後還是獲勝。其他的，我沒有什麼要說的。我們腦裡都可以想到一些令人起疑的例子。

當您購買一整批重要畫作時，您有把握您付的總價比零售價的總和更合理嗎？

在這兒我可以說個小故事。有一天有位美國聖路易的收藏家維爾（Weil）先生跟我聯絡。我之前曾賣幾幅畫給他，自從他妻子重病後，他試著賣掉一大部分他的畫作收藏。我跟他買過一些畫，其中有一幅夏卡爾的畫，還有一幅布拉克的畫，這兩幅畫我付了太高的價錢，之後一直無法出脫賣出。這兩幅畫是上等畫作，因此我當初沒想太多就買下，我對維爾先生印象非常好。維爾先生在妻子過世後，決定出清所有的收藏。

維爾先生打電話給我，我答應去美國看他的收藏，我剛好計畫去紐約的一些畫作拍賣會，所以順道去看維爾先生。維爾先生當然向其他藝術經紀人打探行情。他再打電話給我，要我為他收藏的莫內《船上的兩位小孩》（*Deux enfants sur un bateau*）出個價。我估價約四百萬美元。維爾以英文告訴我：「成交！」我突然心生警戒，或許我剛才出價太高了。我到紐約時遇到一位同行的朋友，告訴他莫內的這幅畫，提議我們可以合購這幅畫。我到了聖路易，維爾先生親自在大門迎接我。我知道當時有些人在打聽他的收藏，但在我抵達聖路易之前，他一直保留惜賣，很大的原因是我給莫內那幅畫出了天價，令他很心動。維爾開門見山告訴我：「我們時間不是很多。我剛走了很多路，而且我餓了。明天早上有其他的買家會來看畫。您除了莫內那幅畫，再挑一、兩幅畫作吧！」

我說：「關於莫內那幅畫，我想我估錯價了。」維爾回說：「我們不要再回到莫內那幅畫打轉了。」我進到房子裡，環顧所有牆上的畫作，邊看邊做筆記。維爾回來看我好幾次，問我為什麼做筆記。我答說：「要好好挑選再帶走！」我繼續看畫估價，最後我跟他說：「我全買了！」

維爾聽了很驚訝：「不成。我跟您提過了，我答應賣一些畫給其他的買主。明天有其他的買主會來看畫。」

我勸他說：「我們都同意畫作的價格。我全部都買，省得您麻煩要零賣。您不是時間不多嗎？那我們現在就成交吧！」

維爾說：「去找我的律師吧，他就在隔壁。」我到了律師那邊，和維爾的律師繼續談，律師認為我提的價格很合理，可以接受。他顯然也餓了，也沒有太多時間。維爾後來加入我們，律師告訴維爾我提了一個價，不討價還價，全買了。維爾說：「我們午餐時再好好考慮吧。」他的律師回說：「不，現在就決定，我之後還有個約。」維爾就答應了。

因此我以較低的價格全買了，其中包括莫內的畫。我們三人一起午餐，我對於這麼好的交易感到很開心，還喝多了點酒。飛到紐約後，一些同行氣急敗壞打電話給我，因為他們早買了飛往聖路易的來回機票，這下機票根本白買了。

您一開始高估了莫內那幅畫的價格，最後是買走全部的畫作收藏。您後來是如何賣掉莫內的這幅畫？

我以四百萬美元賣出這幅畫。這幅畫後來出現在拍賣會上，但由於價格高估，一直找不到買主，從市場撤出。我有機會再買回這幅畫，之後轉賣給日本的一個博物館。

您一開始認為高估了這幅畫的價格，但您不否認這幅畫的價值。

紐約的同行們把這幅畫打了折扣是有原因的。著名的法國藝術經紀人詹泊爾(René Gimpel)在他的日記中曾寫到他去莫內的畫室看莫內，剛好看到這幅畫還在畫架上，一見傾心就想買這幅畫。莫內告訴他：「我還需要一天的時間把畫完成。」詹泊爾回道：「千萬不要……我馬上買……這幅畫好清新！」莫內都還沒在畫上簽名，詹泊爾就把畫帶走了。我個人是絲毫不後悔買下維爾先生所有的畫作收藏。

可否談一下您選擇畫作的標準。什麼是一幅畫令人動心的特質？

首先，一幅畫無論是視覺上、精神上或整體的感覺必須吸引我，令我著迷。有一點讓我感到自豪，隨著時間和經驗的累積，我有更敏銳的直覺，觀察探究畫作的和諧感和顏色的調配。至於高深的學術藝術理論，我無從置喙，這角色就留給藝術史學家和大學教授。我沒有先入為主的想法，內心有個聲音在引導我的感覺。一幅畫在您身上產生一種共鳴，而您也能從畫中產生投射的心理。對我個人而言，兩個最基本的標準，就是創意和清新感。畫作中很大部分會隨著時間很快變得老朽無趣。如果一幅畫作能跟著你一起成長，就能保持魅力。時間是最好的考驗。一幅畫如果有清新感是不會落伍的，而是會走向未來。

在尋找商業價值的畫作方面，您會借助同行的力量和不同的眼光，所以您與普蘭克合作。可否談談這合作關係？

有位住在巴塞爾市鮑姆雷加斯街(Bäumleingasse)的畫家舒普

菲(Walter Schüpfer)介紹普蘭克給我認識。普蘭克是長年旅居巴黎的瑞士人，有時間找有價值的藝術作品。普蘭克是位發明家，熱愛畫作，先是愛上畫作，才對畫家有興趣。普蘭克的童年不太愉快，一生經歷不少風霜。除此之外，他有莊稼漢務實的態度。很奇特的是，自學出身的普蘭克有敏銳觀察力，可以找到很好的畫作。他總是有辦法找到別人找不著的優質畫作。普蘭克開始幫我的藝廊找有價值的畫作，我提議找到的每幅畫作藝廊付他百分之五的佣金。我剛開始也覺得他會是個很棒的售畫員，因為他很會講話，很有說服力。不過他的話和客戶一樣多，有時讓客戶感覺煩，不太相信他說的話。他話多到過頭了。

至於買畫方面，他隨喜衝動，因此有時讓人覺得有點難預測。不過他倒不至於不切實際。他對尋畫買畫十分投入。也因此我們買杜布菲的畫作時付了太高的價格。不過又能怎麼樣？普蘭克親眼看過很多畫作，和畫有緊密的關係，值得我們尊敬。我們的合作關係維持了二十多年。我們之間有多年的情誼，這很難解釋。我們聊天可以聊好幾個小時。他給我穩定可靠的感覺，這正是我需要的，而他的忠誠禁得起時間的考驗。我們曾有很多愉快的合作回憶。

他為藝廊買了哪些畫作？

他在巴黎買了一些印象派作品，以及杜菲(Raoul Dufy)、布拉克、米羅的作品，還有畢卡索的畫作，其中一幅是他在1909年畫的立體畫派作品，目前在史圖加特美術館。他對交朋友非常有一套。他和法國藝術家兼收藏家瑪麗·古托莉(Marie Cuttoli)有很好的交情，因此瑪麗·古托莉於1970年在我們的藝廊展售她的作品集。古托莉擁有畢卡索的拼貼畫，並且在雷捷、布拉克、阿爾普等畫家的同意下製作了優質織毯飾品，於1961年在我們的藝廊展示。普蘭克也為我引介了畢卡索生意上的夥伴貝勒各(Max Pellequer)。貝勒各先後幫我介紹了畢卡索和好朋友杜布菲。總而言之，普蘭克是位有膽識的人，這讓畫家們很欣賞也很信任。同時他很懂得畫，有眼光，而且充滿熱情。即使有時他有點熱情過度，尤其到了晚期他撰寫回憶錄時……不過這真的不重要。

普蘭克後來發生了什麼事呢？

他在1998年8月27日因車禍身亡。他在生前創立了一個美術館，收集了他歷年來在結識的藝術家那兒所發現的藝術作品，包括畢卡索、杜布菲、奧柏戎諾瓦(Auberjonois)、保羅·克利、雷捷、托比等人的畫作。他真是慧眼獨具。

您曾因太喜歡一幅畫而付出高很多的價錢嗎?

當然。有一次,我在洛杉磯看到一幅莫內的畫作《大教堂》(*Cathédrale*),一眼就愛上了,非買不可,我當時付了兩百萬美元,以當時的市價是買貴了很多。這幅畫三年都找不到買主,讓我反而有時間好好沈澱思考,了解到這麼好的畫作應該留在我的收藏,不輕易割愛。這決定後來證明是對的,因為後來另一幅莫內的《大教堂》以兩千兩百萬美元成交。我曾買了莫內三十多幅晚期的畫作,其中之一是大幅的三聯畫《睡蓮池》(*Le Bassin aux nymphéas*)。這幅畫我也一直賣不出去,決定留做收藏,因為我很清楚我不可能再找到這樣的一幅畫。我當時做的決定是正確的。有一天歐洲貴族提森(Thyssen)爵士帶著第五任妻子度蜜月時,剛好來我們的藝廊。提森爵士的新婚妻子站在《睡蓮池》畫作面前如癡如醉。當下提森爵士決定要把畫買下來送給新婚妻子當禮物,於是問我這幅畫多少錢。我回說這幅畫不賣。他一再堅持:「出個價吧!」我堅持不賣。提森爵士非常生氣,從此我就再也沒見到他。其實我老早就告訴提森爵士這幅畫是不賣的。

藝術作品優先購買權(Le droit de préemption)[7] **的法令對像您這樣的藝品買家是種障礙？**

在法國這個法令非常盛行，慢慢也傳到德國、西班牙、英國。這法令在義大利實施多年，不僅僵化而且扭曲了藝術市場。禁止藝品離開國內，藝術經紀人幾乎不可能把畫賣到國外，唯一的可能就是和買畫的國家交換畫作或是有特別的協議。1977年我在義大利買了一幅梵谷的畫作《園丁》(*Le Jardinier*)。可惜這幅畫礙於墨索里尼時代制訂的優先權法令不能離開義大利。這法令應該被廢除，我就是看在新的法令即將生效，才買下梵谷這幅畫，可惜事與願違，事情一拖就是十多年。我買了一幅很有價值的畫，卻無法帶回我家或是藝廊。有天我和紐約古根漢博物館館長梅瑟(Thomas Messer)一起用餐，跟他提起梵谷這幅畫。我提議透過他們在威尼斯的佩姬·古根漢博物館以半價賣給他。如此一來他偶爾可以在紐約古根漢博物館展出這幅畫。生性謹慎小心的梅瑟猶豫不決，於是我們約好在威尼斯見面以檢視這幅畫。義大利政府聽說這幅畫可能賣給古根漢博物館，沒收了這幅畫作。我抗議如此無理的作法，提出訴訟。總共有五個訴訟，其中四個訴訟我敗訴。我很驚訝為什麼獨有一個訴訟我是勝訴，有人告訴我：判我勝訴的是專業的法官，而非政治色彩濃厚的法官。哪個法庭承認我擁有畫作呢？史特拉斯堡（Strasbourg）的人權法院，十七名法官中以十六比一判我勝訴。這是政府執法過度而造成法律糾紛的例子。我必須強調，優先權就算是依法有據，當執行過度禁止畫作的流通，只會僵化藝術市場。所以義大利收藏家為了擺脫政府的監管，紛紛把珍藏的畫作放在瑞士的銀行裡保管。

比起您剛在藝術拍賣會起步時，您覺得現在的情況有什麼不同？

我曾是一些藝術拍賣會最大的買家。藝術拍賣會對現代藝術扮演著重要的角色。我注意到現在的藝術拍賣會的行銷策略漸趨專業化，非常體貼買家，定期寄畫作目錄。而服務也以全球為主，愈來愈專精化，因此全球的不同管道變得更緊密，賣家和最遠的地區仍保持聯繫。我們必須承認這樣綿密的銷售網路能做到獨立藝術經紀人無法達成的任務。當然幾家藝廊也可以整合起來，但這並非大家樂於見到的情況。不然就是建立觸角，甚至在重要的藝術重鎮如巴黎、倫敦、紐約、東京設立分部，如此一來可以提高相當可觀的營業額，但是也要花很多時間控管一切。我一直都偏愛留在家鄉，和藝術家、收藏家、博物館有直接的接觸。但是今天如果從頭來的話，以獨立藝術經紀人而言，面對不同的大環境，我不知道自己會怎麼做。我們的藝廊一直把重心放在畫展和畫作的目錄上。我們的工作很繁重，但每年還是能找到安靜的時段沈澱思考，尋找有價值的畫。

收藏家收藏藝術品的動機何在？

收藏藝術品的動機背後有各種不同的感情因素，有時非常錯綜複雜。有的是基於對藝術的熱情，有的是投機或是直覺（就像我之前提到溫特杜爾的燙衣女士）。當然也有的是以收藏藝術品做為人在社會存在的價值。這些收藏家的感情成份和態度，沒什麼可批評議論的。藝術經紀人的任務就是察覺客人的品味和偏愛。

您曾遇過很麻煩的收購家嗎？

麻煩倒不至於，而是讓人捉摸不定的人。我想到的是一位非常迷人的英國女士赫登爵士夫人（Lady Hulton）。俄國裔的妮卡·赫登（Nika Hulton）爵士夫人是英國出版業發行人艾德華·赫登爵士（Edward Hulton）的妻子。赫登爵士對妻子情深意重，想送她珠寶和衣飾，熱愛藝術的赫登爵士夫人婉拒了這些禮物，轉而買她愛的畫作和雕塑。因此她的畫作收藏相當可觀：畢卡索、布拉克、賈克梅第、蒙德里安、布朗庫西(Brancusi)等的作品,還有五十幅保羅·克利的畫。她曾因保險的問題請我估價她擁有的珍藏,也詢問過我哪些畫該賣、哪些該保存。我建議她可以保留她的珍藏,不必急售,如果有一天她想出脫畫作,希望優先通知我。過一陣子,她不停抱怨被藝術經紀人們催促糾纏著。來自四處買畫的要求,令她不堪其擾。後來她終於決定要出脫畫作。我跟她提議買五十幅保羅·克利的畫作,她答應了。我收到通知赫登爵士夫人在一月初會來我們的藝廊,處理畫作買賣的合約,於是我們約定好時間。

從顧問變成買家,您如何能保持淡定,避免過於緊迫盯人?

當時的情況的確很微妙。對我而言,這筆買賣成了定局,所以我啟程到阿爾及利亞的沙漠度假。儘管撒哈拉沙漠的美景當前,我心裡卻有點悶,我擔心赫登爵士夫人會改變心意。我還是低調一點比較好,不過我認為自己當時應該更積極堅持一些。由於她抱怨藝術經紀人太緊迫盯人,那我到很遠的地方度假,她應該很滿意吧。在帳篷下,夜裡的沙漠令我著迷,讓我想拾起畫筆隨意揮灑。我們出發到歐卡(Le Hoggar)山區觀看十分清新的史前壁畫。在月光下的沙漠山景十分壯觀,我決定我們繼續往南走。可惜我們身上的補給品不夠,導遊把我們留在原地,騎著驢子去找救援。導遊回來後，帶我們去一位撒哈拉遊牧民族圖瓦雷克人（Touareg）的家裡，以茶藝熱情接待我們。因為這次意外的出遊，我忘了我得回巴塞爾，也忘了之前擔心的五十幅克利的畫。

所以您晚了一天才回去……我猜赫登爵士夫人把畫賣給另一位藝術經紀人了……

喔，不……赫登爵士夫人急著想賣畫，她告訴我她只多給我一天的時間，之後就算了。所以我們完成交易，我買了五十幅保羅·克利的畫。後來她把其餘的珍藏畫作都賣給我的競爭對手。我插不了手，競爭對手們一心一意想扳回一城，買走其他的畫。我後來又見過赫登爵士夫人幾次，她非常迷人親切。

譯註

7 優先權為一個國家為保護境內的藝術作品，訂下法規，國家擁有優先購買畫作的權利，以防止國外買家以高價購畫。

左起美國畫家李奇登斯坦夫妻（Lichtenstein）、美國著名藝術經紀人卡斯德利（Leo Castelli）、貝耶勒於1973年在貝耶勒藝廊裡李奇登斯坦的畫作前合影。貝耶勒請人在藝廊的地下挖建了寬廣的空間以展示巨幅的畫作。他也是歐洲首位展出美國藝術家波洛克、紐曼（Barnett Newman）、李奇登斯坦、羅森柏格（Robert Rauschenberg）、安迪・沃荷（Andy Warhol）、羅斯科（Mark Rothko）等人巨幅畫作的藝術經紀人。

14

威廉·魯賓、紐約、藝術經紀人和藝術家

莫里：您和幾位美術館館長交情都不錯，除了我們曾提到的巴塞爾美術館館長史密特，就是紐約的威廉·魯賓。

貝耶勒：威廉·魯賓接任巴爾的位子掌管紐約現代美術館繪畫部門。魯賓曾透過我們藝廊購得畢卡索1908年的畫作（來自德安吉利的珍藏）。魯賓想再跟我們藝廊多買一些作品，最想買的是雕塑作品，他似乎急著要買畢卡索的雕塑作品。畢卡索的雕塑作品很不容易買到，潘若斯（Penrose）、馬勒侯（Malraux）、巴爾等人都曾試過，都沒成功。連著名的藝術經紀人坎維勒都沒法買到，即使是幫美術館也沒買到。我當時想就算我和畢卡索交情很好，也買不到他的雕塑作品。但是我想到一個很不錯的點子，告訴魯賓：「畢卡索非常愛梵谷的作品，如果您能送一幅梵谷的畫，也許他會如您意給您一件他的雕塑作品。」魯賓回說：「我們沒有梵谷的畫，倒是有一小幅塞尚的風景畫，也許他也有興趣。」我說：「我不是那麼確定，但是我們可以試試看。」

不久後我遇到畢卡索，把塞尚的小幅風景畫的照片給他看，跟他提交換作品的可能性。他很仔細看著畫作的照片，似乎很心動，但表示他不能這樣就決定，必須親眼看到畫作。我打電話給魯賓，魯賓很快就安排帶著畫作去見畢卡索，但身邊多了個跟班——華特·巴瑞斯（Walter Bareiss）。根據魯賓的說法，華特·巴瑞斯最好在場，避免日後現代美術館的理事會責怪他有關交換畫作的事。這是魯賓和畢卡索第一次見面，所以我陪著魯賓一起去。我們進到畢卡索家，剛開始畢卡索沈默不語。他仔細觀察塞尚的小幅風景畫，並且請我幫忙搬出他收藏的兩幅塞尚的畫作《艾斯塔克港灣風景》(*la Baie de l'Estaque*)和《聖維多利亞山》(*une Montagne Sainte-Victoire*)。這兩幅畫是畢卡索以他的百幅佛拉爾系列版畫(la suite Vollard)與好朋友藝術經紀人佛拉爾(系列版畫以他為命名)交換得來的。塞尚的小幅風景畫和這兩幅畫比較之下，簡直像是明信片。畢卡索和我望著這三幅畫靜默不語。畢卡索告訴我們，布拉克和他非常敬重塞尚的畫作：「我們曾仔細研究塞尚畫作的任何細節……他像是我們的父親一樣。」畢卡索對紐約現代美術館願意以一幅塞尚的畫交換他的一件雕塑作品感到受寵若驚，畢竟他的雕塑作品知名度不高。接著話題轉到藝術上。魯賓問有關立體畫派是如何形成，初期的藝術理念等，與畢卡索一回一答，進行著精彩的對話，這令畢卡索感到鼓舞，於是邀我們參觀他的地下室。我們進到地下室，放眼望去地上盡是零散的雕塑作品，像是小孩的房間地板上淩亂的玩具。面對如此的藝術寶藏，我們驚嚇到一時不知如何反應。魯賓問畢卡索為什麼不讓藝廊賣他的雕塑作品，畢卡索答說：「我不喜歡我的雕塑作品閒置在藝廊，這些雕塑作品太脆弱了。」這些被冷落在地下室的雕塑作品背後充滿畢卡索個人的小故事，被畢卡索視為珍寶收藏。魯賓環顧四周，對畢卡索 1911 年創作的《吉他》(*la Guitare*)特別感興趣。幾世紀以來雕塑作品都是一整塊材質塑形而成，《吉他》是史上第一件組合式的雕塑作品。畢卡索看出魯賓對藝術的知識涵養，以及他以敏銳的直覺為藝術作品找到歷史定位。畢卡索說：「今天是星期六晚上。我們該怎麼辦？好好沈澱思考，我們星期一下午再碰面。」

接下來的星期一下午五點我們依約又到畢卡索的住處。畢卡索站在一張空無一物的桌子背後，像是準備宣布重大事件似的。畢卡索說：「我考慮清楚了。我決定把吉它雕塑作品送給紐約現代美術館，您可以帶回塞尚的畫作。」我們聽了欣喜若狂，要離開之前，特別請畢卡索的妻子賈桂琳幫我們照下這歷史的一刻。那天是 1971 年 2 月 15 日。在計程車上魯賓和巴瑞斯驚喜萬分的同時，感謝我的幫忙，想付我佣金。我婉拒了佣金，因為我只是基於情誼居中協調，並非藝術經紀人的身分。我倒是提起，如果他們要賣塞尚的畫作，能通知我，透過我的藝廊賣出。他們齊聲說：「那當然，這是最起碼我們該做的事。」

他們話這麼說沒錯，沒想到幾星期後整個情況就不一樣了。克萊斯勒藝術(Chrysler Collection)收藏一幅畢卡索重要畫作《藏骸所》(*La Chambre mortuaire*)在市面上出售。畢卡索看了集中營的照片後所創作的《藏骸所》,令我聯想起他的經典代表作《格爾尼卡》。我非常想買幅畫,不過這幅畫的售價很高,而且我只有一位競爭買家,那就是紐約現代美術館的魯賓。我知道這消息後馬上打電話給魯賓。魯賓告訴我那幅畫的價格太高,他沒有足夠的預算買這幅畫。這樣一來我就放心了,心想可以慢慢準備買畫的資金,並且試著要求降到合理的價位。我必須在歐洲找到一間財力雄厚、買得起這幅畫的美術館。我和杜塞道夫美術館洽談,但館長舒馬能巴赫(Werner Schmalenbach)不懂這幅畫,不打算買。於是我連絡了慕尼黑,沒想到慕尼黑那邊的理事之一,不僅是德國重要的收藏家,同時也是紐約現代美術館的理事,卻馬上通報魯賓我在設法買這幅畫。這人就是之前一起去畢卡索家的巴瑞斯。魯賓以現金、一幅科希那(Ernst Kirchner)的畫作,還有那幅我想買的塞尚小畫作,交換購得畢卡索的《藏骸所》。這幅作品成為紐約現代美術館的珍藏。原本塞尚的畫和畢卡索的《藏骸所》該由我經手的,但結果卻完全不是這麼回事。

您因此對魯賓很有意見?

魯賓一直都是我的朋友,直到2006年過世。我們曾經常常一起討論交流。魯賓是全世界眾多美術館館長中最能掌握藝術訊息、最有深度的一位。魯賓個性活潑熱情,對交涉事務很有一套,不過千萬不要把魯賓和湯普森混為一談。在藝術領域,魯賓是了不起的行家,湯普森是令人讚賞的業餘愛好者。

所以美國對您很重要。

巴黎長久以來在藝文界享有尊榮,但在1950年代紐約開始取代巴黎,成為世界藝文之都:多元化的藝術活動、藝術經紀人雲集,還有因戰事逃難到美國的歐洲藝術家如雷捷、杜象、夏卡爾、達利、蒙德里安、貝克曼(Max Beckmann),激發了本土的美國藝術家尋找自己的藝術風格。

您當年去紐約見的人有哪些?

傑尼斯(Sidney Janis)、卡斯德里(Leo Castelli)、馬諦斯、阿奎維拉(Bill Acquavella)等藝術經紀人。我們經常在畫展碰面,其實我主要是去見藝術家。我們同行在一起時,場面很熱鬧歡樂，經常就一起閒晃到哈林區。

卡斯德里這人如何？

卡斯德里非常活潑，精通數國語言，是位具有文化涵養的義大利人，喜愛女人。他一開始在巴黎的凡登廣場與室內設計師德胡安（René Drouin）合開了藝廊。卡斯德里的第一任妻子伊麗雅娜・索納班德（Ileana Sonnsbend）家境富裕，資助他成立了藝廊，發展事業，有機會發掘了藝術家賈斯培・瓊斯（Jasper Johns）、羅森柏格、塞拉（Richard Serra）、歐登伯格（Claes Oldenburg）、李奇登斯坦。在自行創業前，卡斯德里曾幫傑尼斯工作過。卡斯德里做事靈活有彈性，而且可以雲遊四處，不拘於一地，也因此他在義大利、德國、法國等地都有重要的人脈。

可否談傑尼斯？

傑尼斯熱愛畫作和他的收藏。傑尼斯一開始是以設計制作襯衫起家，不僅熱愛藝術，也對交易買賣有高度興趣。他的藝廊就設在著名藝術家兼藝術經紀人貝蒂・帕森斯（Betty Parsons）藝廊的旁邊。貝蒂・帕森斯是首先展出畫家波洛克、羅斯科作品的藝廊。傑尼斯不僅喜歡上這些藝術家的作品，並且成功說服他們離開貝蒂・帕森斯藝廊，轉到他的藝廊。之後他在紐約大力推薦蒙德里安、史維特斯(Kurt Schwitters)、阿爾普、布朗庫西、德庫寧。傑尼斯對藝術十分著迷，他寫的《近年來的畢卡索》(*Picasso, The Recent Years*)，是本好書。傑尼斯以九十歲高齡辭世，將多年個人的藝術收藏全部捐給紐約現代美術館，表達對藝術家的尊敬，畫作在美術館能永續傳承，或是至少能做重要的藝作交換。

談到紐約非得談佩姬・古根漢(Peggy Guggenheim)……

佩姬・古根漢在紐約仍有她的藝廊時，在杜象的建議下，每個月的第一個星期六展出年輕藝術家的作品，並請三位專家分別是巴爾、史威尼(James Johnson Sweeney)、蒙德里安來評鑑。當蒙德里安看到他不喜歡的畫作時寫下：「這真是悲慘！」有一回他寫著：「這是我到美國後第一次看到很棒的作品！」畫作的主人就是波洛克。佩姬・古根漢腦子裡有很多的奇想，她把多年的收藏在威尼斯成立了佩姬・古根漢美術館。我在威尼斯佩姬・古根漢美術館和她見過幾次面，當時她已經退休。

我們之前談到杜布菲時，您對皮耶·馬諦斯非常敬重。

皮耶·馬諦斯外表給人感覺很冷酷，令人不敢親近，如同他著名畫家父親亨利·馬諦斯給人的感覺。亨利會給人這樣的感覺是出於自我保護。他很自私，把個人的自由和獨立放在一切之上。他有兩個兒子名為尚（Jean）和皮耶，一位女兒，嫁給藝術史學者杜圖伊（Georges Duthuit）。尚長大後成為雕塑家，皮耶則在紐約成立了藝廊。一開始皮耶當然賣父親的畫作，但漸漸在藝術界建立聲望，結識畫家巴爾蒂斯（Balthus）、夏卡爾、米羅、賈克梅第等人，接著是他發現的畫家杜布菲。皮耶·馬諦斯曾將杜布菲的一些畫作給父親亨利·馬諦斯看，老馬諦斯認為杜布菲是戰後重要畫家中畫風獨特的一位。

您說您到紐約最主要是見藝術家們。您見到哪些藝術家？

鑽研保羅·克利、蒙德里安、畢卡索的作品多年，我很難買下他們一些空泛、沒有重大意義的畫作。自蒙德里安之後，這些大幅畫作不再令我著迷，對我那歐洲人的品味而言，可能真的太大了，掛畫的天花板要夠高，我不知道能賣給誰。但我很快就發現了極具潛力的新市場，那就是北美新大陸。和湯普森的藝品交易讓我忙了很多年，因此錯過不

貝耶勒與羅森柏格（生於1925年，卒於2008年）1984年3月在布魯格林根公園（Brüglingen）的「二十世紀雕塑展」合影。貝耶勒與羅森柏格1959年首次見面。羅森柏格對自由與空間有獨特的品味，是位全方位的藝術家。貝耶勒非常欣賞他的藝術作品。

少在紐約的畫展。不過我還是見到德庫寧,更有紐曼。我經常和紐曼先生在一家很美式風格的海產餐廳用餐。紐曼告訴我,只有這家餐廳才是道地的美國餐廳,其他的餐廳都不是。他還帶我去看拳擊賽。我們像朋友一樣相處得很融洽。紐曼對歐洲藝術頗有研究,也有個人獨到的看法。他深信我們正處於美國繪畫藝術蓬勃發展的時代。當年高漲的美元對我們其實很不利。比方說買一幅兩萬五千美元的畫作,當時折合十二萬瑞郎,如此高價的購買成本,要想轉賣出去難上加難。當時想買美國畫作的歐洲收藏家,不想透過藝術經紀人,寧願直接到美國買。

您說的是哪一年?

1959 年。也就是那個時候我認識羅斯科、李奇登斯坦、羅森柏格。羅森柏格是位追求全然自由與空間的藝術家……他同時是攝影師、舞蹈家、編舞家、設計師,全方位的藝術家,個性開朗外向,尤其是喝了一小杯威士忌後。我記得有年羅森柏格來巴塞爾參加一個畫展。有位從洛杉磯來的藝術經紀人一定要我幫他介紹羅森柏格。羅森柏格並不太注意他。這位藝術經紀人說:「我可是私人藝術經紀人……」羅森柏格回說:「喔……我不會告訴別人的!」說完後,掉頭就走,不再理會這位藝術經紀人。羅森柏格定居在佛羅里達州的卡普蒂瓦(Captiva)一直到2008年辭世。他不斷嘗試變換不同的技巧創作出成品。他要是在創作上能少玩樂一點,那該有多好。可惜他的作品不及他的普普藝術朋友瓊斯(Jasper Johns)的深度。

羅森柏格的哪件作品在貝耶勒基金會美術館展示?

《風面》(*Windward*)在美國藝術界具有重要的意義,雖然是1963年的作品,卻非常現代。在《風面》這幅畫裡,羅森柏格在圖像和抽象的兩難之間找到解決之道。他借用廣告圖像,表現顛覆藝術的風格,毫不刻意,充滿清新感。能達到如此的平衡,必定是長久思索的創作成果。

這算是普普藝術嗎?

普普藝術顛覆了以往的藝術形式,創造了新的語法結構。自從安迪·沃荷、歐登柏格後,新的藝術創作興起,藝術家有了不同的創作方式。不過我絕不會把羅森柏格列在這個行列之中。李奇登斯坦也是例外。他的鏡子畫作系列是經典之作。普普藝術把林布蘭和米老鼠放在同一個層面,因為整個社會和媒體傾向於齊頭式的平等,沒有什麼是不可以的。李奇登斯坦創作靈感經常取材於他所處社會裡最常見的圖像，接著在1970年代，他的藝術風格轉向啟發他的超現實藝術前輩達利、恩斯特、畢卡索，觀摩前輩的作品，比方說，他經由達利著名的「軟錶」(montre molle)轉化蘊釀而成的《流淚的女孩之三》(*La Jeune Fille à la larme III*)。在我的眼裡這是一幅大師級的經典作品，很希望能收藏在我們的美術館裡。

您在紐約認識的藝術家中，您似乎對羅斯科情有獨鍾。您曾打算擴建貝耶勒基金會美術館，成立羅斯科的專區。您是如何認識羅斯科？

我以前有幾幅羅斯科的畫作，我一直很喜歡他的作品。有一天，美國的藝術經紀人葛林契(Glimcher)打電話給我，告訴我羅斯科答應賣給我們兩人一些他的畫作。葛林契找上我並不是要給我什麼好處，而是他知道羅斯科希望能在歐洲打響知名度。施格蘭企業(Seagram)請著名建築師密斯·凡德羅(Ludwig Mies Van Der Rohe)設計建造在紐約的美國總公司，訂購了幾幅羅斯科的畫作。羅斯科希望大眾在觀賞畫作時有所啟發，可惜多數民眾把他的畫作當作是裝飾品……這無疑是澆了羅斯科一盆冷水。羅斯科後來如願把一些畫作掛於離休斯頓不遠的小教堂裡讓民眾觀賞深思，可惜畫作每況愈下。

我到羅斯科位於紐約的工作室拜訪他。羅斯科很客氣地接待我，告訴我很喜歡我做的一切，偶爾會收到我們藝廊的目錄。我跟他解釋我經手賣畫的方法，表示我願意買他想給我看的畫作。未料羅斯科回答說：「我不能。我很想賣給您我的一些畫作，但是我不能。」他重複說了幾次，我也就不再堅持問下去，就離開他的工作室回旅館。兩天後葛林契打電話給我說：「羅斯科想見你。」我感到很驚訝：「為什麼要見我？他都跟我說過他不能賣畫給我。」但是葛林契堅持我再去見羅斯科一面。於是我又回到羅斯科的工作室，他幫我開了門，臉色凝重。我再次告訴他，我很想買他給我看的畫作。他讓我進去，從樓中樓我們聽到貝多芬的第九號交響曲。他幫我倒了一杯水果酒。我們坐在廚房裡。他居然淚留滿面，哭著說他很想賣給我他的作品，但是他不能。我試著安慰他說：「羅斯科先生，我們如果無法成交，沒有關係……真的沒關係。」他一發不可收拾，痛哭起來。見他傷心難過到這個地步，我也幫不上忙，就離開了他的工作室。

後來我才知道羅斯科想賣給我他的畫作卻身不由己的原因。原來羅斯科和瑪博洛藝廊(Marlborough Gallery)的老闆洛伊德(Lloyd)簽了約，洛伊德請與很多藝術家有交情的柏納·萊斯(Bernard Reiss)協助藝術家處理報稅、行政手續等繁冗的工作，並提供藝術家從藝術經紀人各種收入來源的諮詢服務。洛伊德任命柏納·萊斯為藝廊的副總，讓柏納·萊斯面臨兩難的局面：維持和藝術家朋友的友誼呢？還是維護藝廊的利益？他們之前幫羅斯科開了一個瑞士銀行的帳戶。當他們得知羅斯科正和其他的藝術經紀人洽談賣畫的事時，告訴羅斯科他最好小心行事，避免給自己惹上麻煩，萬一別人得知他在瑞士銀行有個祕密帳戶，這個醜聞萬一爆發，後果很難想像。他們不只是用這個手段對付羅斯科，之後也來對付培根（Francis Bacon），但是培根不甩他們，因為他是英國公民。但是對來自俄國猶太裔的羅斯科就不一樣。他花了十年以上的時間才成為美國公民，如此的醜聞萬一爆發，後果很難想像。美國讓羅斯科和他的家人安身立命，讓他得於實現藝術的夢想。他希望在美國能安分守法，不招惹麻煩。原本飽受憂鬱症之苦的羅斯科，這複雜的情況使他的精神狀態更不穩定。最後他以自殺結束了自己的生命。

可否談羅斯科的畫作令您著迷之處？

將色彩轉化成光線。這是抽象藝術最高難度的挑戰。羅斯科在這方面的展現可說是登峰造極，不需要解釋，沒有任何文字可以形容。他的畫作本身試探著觀畫者，讓賞畫者望畫凝思，進入冥想的情境：努力在畫裡尋找線條，探索著色彩，就能找到光線。當然，觀畫者得有很高的意願才能找到畫裡的光線。羅斯科創作時，很清楚自己冒著畫作會被視為裝飾掛板的風險。羅斯科畫裡的色彩亮度升華至謎樣的境界，整幅畫洋溢著神聖的光環。也只有整個人沉浸於畫中，才看到畫中豐富的世界。

您現在比較了解為什麼我想擴建美術館的原因了？目前在羅斯科家人的同意下，我們在美術館設立了兩個展覽廳，展出十多幅羅斯科的畫作。這在歐陸是唯一的展示，一個羅斯科生前很嚮往的地方。

您曾提過美國藝術一開始並不吸引您。您如何在瑞士推薦美國藝術作品，又用什麼理由說服您的客戶購買美國畫作？

舉辦畫展。在卡斯德里鼎力相助下，我們在 1973 年舉辦了李奇登斯坦的畫展，同年我們也辦了亞伯斯的畫展。我也花了一些時間探索賈斯培·瓊斯的畫，有機會舉辦了私藏的賈斯培·瓊斯作品展，也是我們貝耶勒基金會美術館開幕後的首次畫展。至於貝耶勒藝廊，我們在 1976 年舉辦了名為「美國，美國」（America, America）的重要藝展，展出我之前提過美國重要畫家的作品外，也展出山姆·法蘭西斯（Sam Francis）、吉姆・戴恩（Jim Dine）、史特拉、衛塞爾曼（Tom Wesselmann）等的畫作。為了在美國打響我們藝廊的知名度，我送了六十多幅代表歐洲現代藝術的作品（包括布拉克、雷捷、畢卡索等）到美國，在明尼亞波利斯（Minneapolis）、舊金山、休斯頓巡迴展出，讓不少美國的美術館長與客戶慕名前來巴塞爾。

貝耶勒表示：「我堅持只賣優質的畫作，讓我賣得比較心安理得。我們可能估錯一幅畫作的價格，但畫作的品質才是最重要。」藝術作品買賣這一行改變很多，更國際化了，必須採取新的策略在全世界各地佈局。如今藝術作品交易所要求的手續更繁雜，扼殺了藝術品交易的美感和樂趣。過去，口頭的承諾比什麼都管用。現在以電子郵件和傳真確認交易是必要的手續。

15

藝術經紀人

莫里：我們談了很多藝術家，現在談談藝術經紀人。在眾多的藝術經紀人中，您如何為自己定位？

貝耶勒：我最崇敬的藝術經紀人是弗拉爾(Ambroise Vollard)，可惜他在1939年病逝巴黎，我未能有機會認識他。我很敬重坎維勒，和同行的藝術經紀人關係都不錯。我們同業因為藝術市場而結識，多少有利益衝突，免不了有競爭眼紅的時候，倒不是針對藝術經紀人，而是針對藝術經紀人持有的畫作，以及其人脈關係。我很幸運住在巴塞爾，和藝術家和他們的家人有些距離，當然也遠離巴黎或是紐約的是非謠傳，這些耳語傳聞可以在一瞬間成就一個人或是毀了一個人。有一天晚上我在妮娜·康丁斯基家吃飯，我們談妥了我將是康丁斯基遺留畫作的藝術經紀人。在享用俄式炒牛肉和幾杯伏特加下肚後，康丁斯基夫人開始對我進行現代藝術的「口試」。她想知道，在我的眼裡誰是二十世紀最偉大的畫家。我答說：「畢卡索！」我接著說：「畢卡索是最偉大的西班牙畫家，馬爾克(Franz Marc)是最偉大的德國畫家。除此之外，最偉大的畫家非康丁斯基莫屬。」

這些年來我和康丁斯基夫人有不錯的交情。她說我是最偉大的藝術經紀人。我回想過去一些偉大的藝術經紀人，聽到她對我如此的讚美不禁莞爾。二十世紀最偉大的藝術經紀人在歐洲有弗拉爾和坎維勒，在美國有傑尼斯、皮耶·馬諦斯、卡斯德里。他們有個共同點就是一開始就經手處理重量級藝術家的畫作。比方說弗拉爾經手塞尚、雷諾瓦、高更以及畢卡索最初的畫作。傑尼斯則經手蒙德里安、布朗庫西、達達畫派，還有羅斯科的作品。偉大的畫作常造就偉大的藝術經紀人。我不算是開疆拓土型的，不屬於這個層級的藝術經紀人。對我而言，最重要的並非以奇致勝，而是在不同畫派領域從印象派到普普風的安迪·沃荷，以品質為重。所有的畫家，無論畫派風格，要求同樣的品質標準，這是藝廊的職志，我希望我們達成這個目標。

藝術經紀人賣畫的最終目的就是賺錢？

當我發現錢能讓我實現夢想和計畫時，還覺得錢真管用。我的夢想計畫就是結集百餘幅佳畫，形成巨幅的經典創作。我認為成為藝術經紀人最好的方式就是舉辦高品質的藝展，出版彰顯畫展作品品質的目錄。

您每次賣畫都心安理得嗎？因為藝術經紀人向藝術家買的畫作，再轉賣他人的利潤十分可觀。

轉賣一幅畫，等於是在維護一位藝術家及作品。講得誇張一些，等於是參與一幅畫作的旅程。沒有藝術經紀人的協助，畫作可能很難打出知名度。就我個人而言，因為財力不夠雄厚，我很少（或是說未能）買下經典巨作。我選擇定居在巴塞爾，而非巴黎或是紐約，也意味著我較少機會認識世上最富有的藝術私藏家或是買畫的愛好者。不過，我一點也不後悔我當年的選擇。在妻子及同事們的幫忙下，我在藝壇成功開拓出一片天地。

您曾在轉賣畫作時獲得可觀的利潤。比方說您之前提到的一些畫作，曾以兩倍甚至三倍的價錢賣出。這算不算是很容易賺的錢？

我們可以三倍價格轉賣畫作，但必須符合三個條件。第一，畫作必須是稀有的；第二，要是絕佳品質；第三，是能保存很久。賣畫的過程也許很短（在這兒我們不算保存畫作的時間），但並非容易賺的錢。通常畫作以高價賣出，買家很少是一次付清，經常要等上幾個月。而這幾個月的等待時刻，可能有另外買家想買畫。

畫作的價格不斷提高，您覺得原因何在？

1946 年我剛入行時，畫作的價格平均每年上漲百分之五。

戰後重建經濟創造了不少財富累積的機會。德國於1950年到1960年之間在美國的援助下經濟起飛，所謂的德國奇蹟造就了不少富人，突然發大財讓新富者不知道該如何投資自己的錢。於是不少熱錢湧向現代藝術。1970年代美國挾其強勢美元主導國際藝術市場的交易。接著1980年代日本以經濟優勢以高價搶購藝術作品，國際藝術市場成長了一倍到一倍半。當然，不要以為藝術市場會永遠這樣成長下去。突發事件如國際政治衝突、戰爭、恐怖組織活動都可能使藝術市場停滯，甚至進入衰退的情況。所以這些年來，藝術品的價格不斷攀升，我們有機會以高價賣出我們藝廊的存貨藝品。這使我們藝廊在成立以來，終於有機會讓資產負債表第一次由負轉為正，也讓我們有足夠的資金成立貝耶勒基金會美術館，支付興建美術館的費用，購買梵谷、莫內、塞尚等的重要畫作以豐富我們美術館的典藏。

我想強調的是，平庸的畫作不會帶來可觀的獲利。只有優質的畫作才能在時間的競賽中脫穎而出。我們藝廊最近以很好的價錢賣出一幅畢卡索1932年的作品，是他的模特兒兼情婦瑪麗·泰蕾茲·沃爾特(Marie-Thérèse Walter)的人物畫，我發現半邊的臉其實是畢卡索的側影，所以是在同一個人頭有這對情侶的肖像。

您不覺得自己多少也在國際藝術市場價格不斷攀升的過程中獲利？

當然，就像在這市場裡的所有人一樣。在市場的邏輯裡，先是個人收藏家，而後是藝術經紀人推升了藝術價格，從中獲取可觀的利潤。您會注意到那些破紀錄的高價成交都是來自私人收藏家。當然價格幾乎高到頂點，但更重要的是畫作。如果我們以過高的價格買了一幅平庸的畫作，以後想轉手交換獲利，幾乎是不可能的事。

您一直都有精準的商業眼光？

是的，不過我對純粹買賣的興趣愈來愈淡。我不再需要追逐那些具有商業價值的畫作，也就是可以馬上轉手賣好價錢的作品。我藝廊裡有幾位同事幫忙，其中凱瑟琳·古杜希耶（Catherine Couturier）在世界各地拜訪藝廊，尋找值得投資的畫作，就像之前普蘭克的工作。我保存一些可以成為美術館典藏的作品。其實賣掉很多畫作讓我非常傷感，心裡很難割捨。妻子和我常覺得能保留一些畫作在我們家，感覺很棒。我們在畫作的陪伴下過日子。當有人提議我買一些重要畫作時，我很難拒絕，這也是為什麼我們負債會愈來愈多的原因。

著名的藝術經紀人丹尼爾·維登斯坦(Daniel Wildenstein)**在回憶錄《藝術經紀人》**(*Marchants d'art*)**裡寫著:「每天早上起床時,我都會問自己:我們還能持續多久?這裡我不是指我自己,而是指我最愛的行業。」您是否也感覺到藝術經紀人這一行前景黯淡?**

以前一切都比較單純容易。口頭承諾形同合約,藝術作品的買賣沒有那麼多繁瑣的行政手續,傳真、信件、電子郵件滿天飛,說穿了就是彼此不信任。過去所謂的誠信非常單純直接。我和湯普森的交易,包括保羅·克利的百幅畫作,還有其他比較沒那麼重要的畫作,都是在沒有正式文件確認的情況下完成交易。我從湯普森那兒買了約六百幅作品,只有一半是有買賣合約。當年在我們這一行,口頭的承諾比合約還靠得住。我舉個例子。有天我到阿斯科納(Ascona)拜訪一位德國畫家,一起用餐喝酒。我問他:「您應該有些人脈吧!」他給我幾位朋友的名字,於是我接著就去拜訪他的幾位朋友。我告訴其中一位,如果他願意賣畫給我,我可以買一幅波納爾的作品。這個人同時也擁有一幅馬諦斯的野獸派風格的畫作,購自1939年琉森的費雪藝廊(Fischer)拍賣會。我很想買這幅畫,可惜當時我現金不夠,必須等三個星期才能買這幅畫。但是對方認為三個星期太長,他等不了那麼久。所幸一位朋友願意借錢給我，於是我又回去想買這幅畫，但畫作的主人不願意賣了，至少不是以當初的價錢賣出。我堅持要買這幅畫，要對方出個他想賣的價錢。談了好長的時間，對方似乎很羞愧，因為他要的價錢幾乎是上次的兩倍。我一口就答應買了，回到巴塞爾跟另一位朋友借調一筆錢，把馬諦斯的畫作買下。我當時不知道這幅畫即使是第一次的兩倍價錢，還是在合理價位。我們之間討論買賣，完全沒有文件，都是口頭上同意，就完成交易。如今這幅馬諦斯的畫為巴塞爾美術館的典藏之一。

今天不可能像我過去處理買賣交易的方式了，因為現在藝術作品價格高不可攀。如今藝術拍賣會激烈競爭，加上他們全球性的行銷策略，還有稅務人員不斷稽查商品，都使得藝術經紀人這個行業前途黯淡。過多的稽查和繁瑣的行政手續扼殺了昔日藝術作品交易的風雅和樂趣。

但是這世上永遠都會有收藏家，沒有藝術經紀人的話，收藏家該怎麼辦？

藝術經紀人這行會繼續存在，而且有其必要性，因為總是有供需的關係，也就是市場未來的發展趨勢是游移於高成長期與低迷期之間。我想不需要是神通廣大的預言家才能看出這個趨勢。這是再明顯不過的事。

賈克梅第眾多雕塑作品中，創作於1960年的《大女人2》（*Grande Femme II*）1968年時矗立於貝耶勒藝廊的門口。

16

觸感藝術

莫里：貝耶勒基金會美術館收藏的雕塑作品風格非常不同，從羅丹(Auguste Rodin)**到凱利**(Ellsworth Kelly)**，同時館內也收藏原始藝術**(l'art primitif)**的雕塑作品。這表示在抽象派和立體派之間永遠的平衡？**

貝耶勒：從我們美術館裡利普契茲(Jacques Lipchitz)的雕塑作品很明顯看出現代藝術和原始藝術的關聯。我們的藝廊曾辦過一場黑色非洲藝術展(art nègre)，在1950年到1955年當時是少數首次舉辦黑色非洲藝術展之一。從此我就愛上黑色非洲藝術。在1960年代，我買過幾座年代久遠的黑色非洲藝術雕塑佳作。在薇斯歐芙(Patricia Withofs)的協助下，我想拓展完整的黑色非洲藝術收藏。來自澳洲雪梨的薇斯歐芙對黑色非洲藝術有足夠的見解和獨到的品味，可以給我很好的建議。不過當時(1960年)黑色非洲藝術雕塑在市面上很罕見，而且價格非常昂貴，有些雕塑要到十五萬甚至是到兩百萬美元。也就是說我們藝廊如果想朝黑色非洲藝術發展完整的收藏，勢必要準備雄厚的資金，同時藝廊也要準備特定的展示空間。最後我決定清出大部分之前買的黑色非洲雕塑作品，轉而集中於一些能豐富我們觀賞馬諦斯、畢卡索畫作眼光的雕塑作品。我們維持藝廊一向的收藏路線。

畢卡索在1906年參觀巴黎的人類博物館(musée de l'Homme)時留下深刻的印象。博物館裡的雕塑以誇張的線條表達強烈的訊息,啟發了畢卡索日後創作其經典代表作品《亞維儂的少女》(*les Demoiselles d'Avignon*)。畢卡索以全然的自由創作這幅畫,使得立體畫派從此在創作上得以自由展現。這些原始藝術作品雕塑的線條,散發著奇幻的魅力,讓畢卡索十分著迷,也使他覺悟到自己可以不必拘泥於自然的規範,以抽象的意念為出發點創作。至於馬諦斯,沈醉於大洋文化的美景和歡愉氣氛,朝大洋文化藝術發展。這些作品內在都有靈魂,雕塑也有靈魂,我們可以感受得到。從這點看來,非洲藝術更具有雕塑色彩和神祕感。非洲藝術收藏最古老的作品應該是一個坐著的人形雕塑,約十七或是十八世紀時源自奈及利亞的姆本貝(m'bembe)一帶。這些雕塑反映著質樸的精神,如此的風格可能要追溯到古羅馬藝術時期。

在貝耶勒基金會美術館,把一些雕塑作品擺置在風格上相關的畫作旁,對我而言非常重要。因此在畢卡索的畫作《坐在綠椅上的朵拉》(*Dora Maar au fauteuil vert*)旁一直有座源自薩伊的班納寧柏(Bena-Niembo)地區的古代勇士雕塑。這雕塑具有絕佳的對稱感,尤其是頭部,加強臉部的表情;半閉的雙眼,高挑拱形的眉,搭上有型的鬍子,冠冕髮飾蓋住大半的頭髮。這勇士雕塑應是代表非洲古代已逝的貴人，負責保護村落免於病害或是荒年。我們很明顯可看出這雕塑的造型和畢卡索的風格幾乎是一氣呵成。

您在成立美術館之初，並沒有計畫購買雕塑作品。後來因緣際會從湯普森那兒購得賈克梅第的雕塑作品。對於現代藝術的收藏，您如何在畫作和雕塑之間取得平衡？

在藝術創作上，畫作和雕塑有著互補的關係。偉大的藝術家如米開朗基羅明白這一點，大師級的畢卡索也不例外。至於從收藏家的觀點來看亦是如此。當您開始收藏某位藝術家的畫作，如果他創作雕塑作品，您也會對其雕塑作品感興趣。湯普森的收藏真的令我驚豔：超過一百五十座雕塑作品……當湯普森提議賣給我一整批賈克梅第的雕塑作品，說實話我根本不會去考慮他的藝術風格，買了就對了。賈克梅第的這些雕塑作品太重要了！

舉辦畫展或是雕塑展，參觀的民眾有區別嗎？

是同樣的藝術的愛好者，無論是畫展或是雕塑展，他們都喜歡。而且不少藝術家從雕塑跨越到畫作，或是從畫作跨越到雕塑。我們不能說賈克梅第只是雕塑家，也不能說畢卡索只創作畫作。無論是雕塑或是畫作，藝術作品存在著某種邏輯，引導著他們的主人。

您曾專門舉辦雕塑展嗎？

我們舉辦的藝展都是混合了雕塑和畫作，當然還是以畫作為主。我們倒是舉辦過三次戶外雕塑展。雕塑展需要空間，而我們的藝廊空間十分有限，所以我們在里恩（Riehen）的公園舉辦露天雕塑展。

里恩市政府的美術委員會有意展示雕塑作品。我向他們提個大膽的計畫案：展示布爾代勒（Antoine Bourdelle）、羅丹、馬約爾（Astride Maillol）、賈克梅第的雕塑作品，美國的卡爾·安卓（Carl Andre）、塞拉，以及結構主義藝術家的作品。最後壓軸的是畢卡索、波依斯（Joseph Beuys）的雕塑，以及丁格利（Jean Tinguely）美妙的水雕作品。總共超過兩百座的雕塑作品參展，法式庭園區展出古典雕塑作品，英式庭園則展出現代藝術雕塑。此次的雕塑展大受歡迎，夏天兩個月內共吸引了二十萬以上的民眾參觀。不過里恩市的市長和和市議員們連雕塑展的開幕式都沒參加，因為我們舉辦這項雕塑展遠遠超出他們撥款金額，抱怨這不符合他們當初的構想。

三年後也就是 1983 年，我們又在里恩辦了同樣主題的雕塑展，展出兩百二十座年輕藝術家的雕塑作品。之後我們在里恩辦了第三次雕塑展，展出馬勒維奇(Kasimir Malevitch)、蒙德里安、畢卡索、馬諦斯、史維特斯(Kurt Schwitters)、利普契茲、阿爾普、米羅、巴塞利茲(Ceorg Baselitz)等的雕塑，讓大眾更了解這些現代畫家對雕塑領域的影響。我們為這三場的雕塑展製作的目錄廣受好評，成為日本和美國美術館籌辦雕塑展時參考的指南。在我們的雕塑展之後，直到今日沒有再看到如此大規模的雕塑展。

在貝耶勒基金會美術館裡，您將雕塑作品分散在館內四處展出，唯獨有個展覽室專門展出賈克梅第的雕塑作品。基於什麼理由您做了這樣的選擇？

貝耶勒基金會美術館裡的原始藝術雕塑擺置在受其影響的畫作附近。雕塑作品加強參觀者的印象：兩件考爾德的雕塑(一在館外，一在館內)、米羅的《月亮鳥》(*Oiseau lunaire*)雕塑、接著是布朗庫西、畢卡索、馬諦斯的雕塑。最近我們購得凱利的雕塑(在美術館的庭園展出)，還有阿爾普的作品。當我們來到美術館門口，透過落地窗可見羅丹的《伊里斯，諸神的使者》(*Iris, la messagère des dieux*)，女體雙腿撐開，令人聯想起庫爾貝(Gustave Courbet)的畫作《世界的起源》(*l'Origine du monde*)。羅丹這座女體銅雕,激烈的感覺,是羅丹最強烈又自由的作品之一。把羅丹的這個雕塑擺置在他的畫作好友莫內的展覽室旁邊,對我而言非常重要。

在貝耶勒基金會美術館的立體派和抽象派的雙重收藏中,您如何看考爾德的作品?

考爾德擅長創造出玩具的詩意,和諧又平衡。考爾德是個大孩子,總是開開心心,尤其是喝了點酒後。他的馬戲團雕塑作品很令我著迷。工程師出身的他總是能把簡單的玩具轉變成令人嘆為觀止的動態雕塑。考爾德剛開始的創作風格和米羅很類似。考爾德和米羅很親近,因此他們倆的作品之間充滿著藝術的對話。我們曾在 1972 年到 1973 年之間舉辦了米羅/考爾德聯展,2002 年我們在貝耶勒基金會美術館舉辦了第二次的米羅/考爾德聯展。

您只擁有一件布朗庫西的雕塑。為什麼?

布朗庫西的作品很罕見而且是驚人的天價。布朗庫西常複製自己的作品,因此有不少是重複創作的雕塑。我們美術館僅有的布朗庫西的作品《鳥》(*l'Oiseau*),具有抽象的美感。布朗庫西創作的本質有點像賈克梅第,但兩人的雕塑作品在形狀上卻南轅北轍。賈克梅第的雕塑是開放的線條，而布朗庫西的雕塑作品有某種封閉的局限。

貝耶勒成立了「藝術支持熱帶雨林」基金會，以拯救亞馬遜河數千公頃的熱帶雨林。1998年克里斯多（Christo）和克勞德（Jeanne-Claude）創造了「包裹的樹」（wrapped trees）藝術活動，以可吸取陽光的灰色材質包裝美術館外的樹。

17

貝耶勒基金會美術館
和「藝術支持熱帶雨林」基金會

那裡，一切是如此美麗有序，

貴氣、寧靜而華麗。

波特萊爾｜Charles Baudelaire

《旅行的邀請》*L'Invitation au voyage*

莫里：貝耶勒基金會美術館的目錄十分完整，但不同於您以往出版的畫展目錄，藝評多過引述藝術家的話。您的想法改變了？

貝耶勒：在美術館永久展示的藝術作品，我認為盡可能完整介紹作品是很正常的。在這方面我的朋友荷歐（Reinhold Hohl）幫我很多忙。他原本是在大學任教，並擔任蘇黎世理工大學美術館館長。他很興奮能在貝耶勒基金會美術館幫我的忙。他是我五十年來划船協會的夥伴，因此很清楚我們藝廊多年來舉辦過的畫展。我們一起划船時，醞釀著所有的畫展，分享我的夢想，以及所有成立貝耶勒基金會美術館的想法。威廉·魯賓（紐約現代美術館館長）也在建館的計畫和收藏畫作上給了寶貴的意見。

貝耶勒基金會美術館是如何醞釀而成？

藝術收藏並不是庫存，因為所有的藝術作品都是經過挑選而來，有很強的收藏邏輯。多年來我一直堅持畫展的品質比藝術家的知名度更重要。比方說，一幅很美的畢卡索的畫作，比十五幅畢卡索平庸的畫作更有價值。我剛提到藝術典藏的邏輯，現代藝術的兩大支柱是抽象派和立體派。《即興畫作十號》和 1907 年的《亞維儂的少女》習作分別為兩個畫派的代表作。我對這兩幅畫都有深厚的個人情感，這兩幅畫掛在我家很多年。有陣子我很缺錢，想把《亞維儂的少女》的習作賣掉，但是我太太堅決反對，揚言如果我把這幅畫賣了，她就離開我。因此我還是保留了畢卡索的這幅習作，還有我太太。康丁斯基和畢卡索的畫，都繼續保留在我們的典藏。

1987 年，當時「馬德里蘇菲亞王后藝術中心」(Centro de Arte Renia Sofia) 的負責人吉曼·妮茲 (Carmen Giménez) 買了一幅畢卡索於 1925 年創作的綠黑白色系的靜物寫生。這幅畫來自德安吉利 (Frua de Angeli) 的收藏。因為這個機緣，她向文化部部長森普倫 (Jorge Semprún) 建議，請我展出我和我太太私人收藏的畫作。在此之前，我們從未展出我們私人的收藏，因此我們全力以赴，製作精美的藝展目錄，開心地掛著每幅畫，每幅經典畫作都令我傾倒。這次的私藏藝展大受歡迎，媒體爭相報導，因此我才有個想法把私藏展變成永久性的展覽。當時有兩個方案，一是把我們的私藏交給現有的美術館，另一是找地興建新的美術館。當時全世界都一樣，最普遍的作法就是興建新的美術館，因此世界各地有不少新建成卻毫無用處的美術館。

巴塞爾市政府很擔心我和提森爵士一樣帶著我的私藏藝品出走巴塞爾，於是跟我提議了幾棟建築物，然後計畫擴大巴塞爾美術館，專門為設立貝耶勒藝術收藏的擴館計畫。這個方案頗令人心動，不過貝耶勒的收藏和巴塞爾美術館的典藏合併後，負面的結果就是有一半貝耶勒收藏可能被留在庫存。因為拉荷希的捐贈，立體畫派收藏是巴塞爾的光榮，除此之外，巴塞爾也擁有保羅·克利的重要畫作……想像《禁箇》和《小教堂》可能屈於次要的角色。還有就是原始藝術收藏，不適合巴塞爾美術館，很可能就被迫移到他處展示。之後巴塞爾提議建一個新的美術館，展出我的私藏。我對這個提案很有興趣，但是我不希望新的美術館館址離巴塞爾美術館很近，我理想中的地點是在充滿綠意的大自然中，而非都會市區。

我們收到來自德國、荷蘭、西班牙、美國的建議方案，我們可以自由選擇建築師，美術館的興建和日後維護費用都由對方出資。這些國家提的條件十分優厚，令我很心動，但是我還是認為我的私人收藏離開瑞士很可惜。如果貝耶勒基金會美術館設在瑞士以外，也表示我每年要旅行至少兩到三次才能看到我的收藏。我再一次強調，美術館不是屯積畫作，我的目的是向一些藝術家致敬。這些藝術家終其一生努力創作，讓我們能欣賞美的作品。因此我們有必要提供一個完美的場所，突顯藝術家的價值。

貝耶勒基金會美術館興建於充滿綠意的里恩，離巴塞爾很近。為什麼選在遠離市區的地點？

那塊建地延伸到城鎮間的邊界，原本是農業用地，不能蓋建築物。這地點有水景，很符合我們建美術館的計畫。巴塞爾幅員不算大，搭電車就可以直達里恩（Riehen）。我愛幽靜的自然，因此對里恩的地點很滿意。美術館綠意祥和的環境，使我的收藏作品能在寧靜的氣氛裡展出。興建地點還有一個十八世紀的古宅，十五年來做為貓博物館，逐年凋零，但仍不乏愛貓者的支持。除此之外，里恩市政府擔心貝耶勒基金會美術館興建於此，將使里恩的交通流量大增。奇怪的是從德國來的大量汽車和卡車開到巴塞爾的化學工業區時，卻沒有人質問交通流量的問題。由於這些反對於里恩興建貝耶勒基金會美術館的聲浪，市府決定以市民公投來表決。我太太聽到這個決定快氣炸了：「我們不是給里恩市一個美好的禮物嗎？」我太太傾向把貝耶勒基金會美術館建在他處，因為巴塞爾以外的建議案十分完整清楚，在財務上的支援也更大方。我的想法是，以民主方式的決定，對貝耶勒基金會美術館的未來更好。反對貝耶勒基金會美術館的人，有擔心交通流量過大、愛貓族、對藝術一竅不通的人，還有就是眼紅妒嫉的人（這種人到處都有）。因此我們必須發起支持貝耶勒基金會美術館的活動，舉辦座談會，說明我們的建館計畫，讓里恩市民參與這個藝術夢想，讓這重要的現代藝術典藏成為里恩人的驕傲。因為市民投票時間迫近，我們沒有時間處理建築師投標競爭。我找了知名的建築師皮亞諾，他經手設計的建案有休斯頓的曼尼爾美術館（Menil Museum），和位於巴黎前衛的龐畢度藝術中心。我想皮亞諾能設計出我喜歡的建築。貝耶勒基金會美術館興建案，在里恩市民表決下獲得了百分之六十的贊成票。

貝耶勒基金會美術館的建築方案呢？

沒有方案，就是一些想法和觀念。貝耶勒基金會美術館的建築本身就要像是藝術作品，向藝術家致敬。皮亞諾等到市民公決投票通過後才開始動手。他的建案草圖很簡單，引用法國詩人波特萊爾的字彙：「秩序與美、貴氣、寧靜、愉悅。」皮亞諾的第一個建案草圖我不太喜歡。皮亞諾從十八世紀古宅東西向的老舊暖房開始建構，但是我認為朝南比較好，因為我堅持要採用太陽能。根據皮亞諾，太陽能裝置必須用鋸齒型的屋頂，外觀看起來會像是舊式的工廠。皮亞諾因此設計了特別的屋頂，製作看起來很自然的模型，研究空間和光線。這實驗很有用，保護膜因為太硬，日曬久了後居然爆炸了。皮亞諾馬上畫新的建案草圖，經過三或四次的測試，我們終於達成共識。

我們討論很多有關美術館的建案。皮亞諾有自己的意見，但也願意依藝術、典藏和我的喜好做配合，設計美術館內的展覽室。至於美術館的外觀，我請皮亞諾全權負責。建築師常常喜歡採用先進亮眼的建材，但我非常不喜歡。我要求減少許多金屬的建材。皮亞諾了解我對建築仍保有古典的品味，他欣然接受配合。我也有朋友比如說工程師羅曼（Heiner Lauman）和建築師維雪（Florian Vischer）給我寶貴的意見，支持我的觀點。

對館內的設計，您應該有很詳細的想法。
可否談一下你的想法。

我希望館內有面積比例很好的展覽室，給人寬闊明亮的感覺。當時我還沒有莫內和賈克梅第專屬展覽室的計畫。我堅持整個美術館維持一層樓，讓所有人都能很容易進出參觀。除此之外，美術館位於幽靜的環境非常重要，符合我個人的喜好。皮亞諾很清楚我的品味，設計建造了池塘，池塘不大但卻非常重要。水景給人寧靜的感覺，符合貴氣、安詳、愉悅，像是永恆的世外桃源。面對池塘的展覽室，專門給莫內和他的經典蓮花畫作，是館內最美的展覽室之一。

如何安排美術館內作品的展示？還有作品的擺置？在建案草圖時期，您就有很清楚的想法了嗎？

我們以年代做為排序。第一展覽室集結了梵谷、塞尚、莫內、竇加的作品。這些畫家屬於先驅藝術家。接著幾個展覽室為某些藝術家專用，根據他們在我們典藏或是歷史上的重要性。畢卡索當然有最大（也許也是最美）的展覽室。培根的幾幅畫作也在一個特別的展覽室。1950 年代我第一次看到培根的畫作，在他超現實巴洛克式的畫作前，留下很深刻的印象。培根的畫作有著粗暴的內容，色調卻柔和，甚至有些風雅。幾年後我見到培根本人，培根有著深厚文化涵養，含蓄文雅的外表下暗藏波濤洶湧。當時我們心裡都明白，這位藝術家的畫作很難令人不注意，創作手法自成一格。第一次看到培根的畫作，畫中再平凡不過的圖像卻能表達強烈的宣言：畫中的人物圖彷彿舉起並孤立主角，放在太空梭裡，在失重的太空中遨翔；畫的外在形式與內涵總是如此巧妙和諧。我們可以感受到培根在創作時經常與畫中非現實的情境天人交戰，以重新整理現實的實體，在不安的情緒中顛覆所有的想法。我們與維也納藝術史博物館（Kunsthistorisches Museum Vienna）的賽柏博士（Dr. Wilfried Seipel），以及館長史黛芬（Barbara Steffen）合作，把培根的畫作與其他藝術大師從林布蘭、維拉斯奎茲（Diego Valázquez）、竇加到畢卡索的作品，好好整理做了回顧紀念。這些畫作的複製品如今都在培根的工作室裡陪伴著他。經常與藝術對話的培根，創作的圖像能提升到新的人生境界。

在貝耶勒基金會美術館內，我特別開闢一個空間向賈克梅第致敬。我們大可以在館內展示更多賈克梅第的作品，但我認為很重要的是成立一個精神象徵的聖地，針對某個主題，比方說賈克梅第接受大衛・洛克菲勒（David Rockefeller）及建築師本夏夫特（Bunshaft）的邀約，創作在美國紐約大通曼哈頓銀行大樓（Chase Manhattan）的雕塑作品。賈克梅第花很多心血在這雕塑案上，尤其是放大他的女體雕塑。

賈克梅第搭船第一次抵達紐約時，見到櫛比鱗次的摩天高樓，明白這是與歐洲完全不同的環境。他曾私下告訴我，他在美國創作的女體雕塑愈來愈高，只要他拿捏得好，幾乎什麼尺寸的女體雕塑都成。可惜賈克梅第從美國返回歐洲幾個月後與世長辭，此項雕塑案就不了了之。往者已矣，但精神長存，我希望我們美術館的賈克梅第展覽室保留這樣的精神。在美術館裡，我們擺置賈克梅第的男人行走雕塑，像是走向更高的女人雕塑。右邊的半身雕塑象徵著賈克梅第正在觀察這一切。透過男人走向女人這人生永恆主題的雕塑擺置，我們讓賈克梅第展覽室從靜止化為活動的雕塑舞臺。

您的私人收藏作品無法全部展示。貝耶勒基金會美術館的建築有足夠的空間嗎？

因為空間有限，我們很快就感到空間太侷促。美術館開幕一年後，我又擴建美術館到今天您所看到的規模。美術館剛開幕時預估的參觀人士激增了三倍。

在美術館的設計和興建過程中，您和皮亞諾如此知名的建

築師之間想必有不少的妥協。

總是需要適應和對話溝通。皮亞諾第一個直覺就是建一座具有藝術殿堂風格的建築。而我是絕對不要這樣的建築。對同個建築案，我們倆有很不一樣的想法。皮亞諾希望建築的外牆平滑簡潔，而我則偏愛古老的建材，加強美術館長長厚實的牆。我喜歡有變化，但皮亞諾堅持同樣大小的石塊建材。但我不同意，原因是這會讓整個美術館的建築感覺過於巨大沈重，如此一來，光影明滅之間造成色調深淺不同的美感，幾乎不存在了，還有石塊建材會使建築成本變兩倍。如今，皮亞諾很滿意這結果。我們不斷地討論和研究，終於達成建築的草圖。皮亞諾一旦了解美術館的精神，開始以我們的藝術收藏為出發著手設計。皮亞諾在美術館開幕時曾講了令我會心一笑的話：「我現在可以說，經過了設計興建美術館到完工，我成了藝術收藏家，貝耶勒成了建築師。」皮亞諾和我之間達成了思想上的交流與溝通。

尊重藝術作品的同時，也尊重自然，這在您的日常生活是如此重要。

是的，建築必須完全整合在自然景觀中。因此當美術館工程即將完工時，我請克里斯多和克勞德把美術館外的樹做包裝設計。我知道他們醞釀這樣的計畫好幾年了，尤其想在巴黎的香榭麗舍這麼做。克里斯多告訴我，他們從來沒在預訂下接案子，但願意來看看我，並且看看美術館的環境。他們一到美術館，就愛上美術館和公園，各種不同的樹，美麗的自然景色，以及建築的和諧感。他們一口就答應。他們要求拆除部分有點老舊的設備，我們簽了為期幾個星期的合約，他就開始動工了。他們真是了不起，從東德帶來整個團隊，在很短的時間內就把美術館外兩百多棵樹包裝好。完工後的景致，令人眼睛一亮，共吸引了三十萬民眾包括家庭和小孩們，歡賞這些包裝的樹改變了公園的氣氛。

是藝術造勢呢？還是廣告噱頭？

不只是如此。說老實話，剛開始我有點驚訝而且不太喜歡他們用的材質，給人感覺很灰黯。我個人會選擇白色布料材質。但後來發現他們的選擇是正確的。灰色才適合四季顏色的變換：在雪景或是雨中，灰色包裝給人感覺像是一幅立體畫派的作品，而在明亮的陽光下，又轉化為印象畫派。總而言之，非常有藝術美感。除此之外，這次的活動剛好呼應貝耶勒基金會美術館舉辦的「樹之神奇」（Magie der

Bäume）展覽。這次的活動十分成功，讓美術館獲得不錯的收益，我們決定把獲利捐給「世界自然基金會」（WWF）和「綠色和平組織」（Greenpeace）做為保護亞馬遜雨林的計畫。我們透過當時設立的基金會，在亞馬遜河區買了一大塊的地，以保護雨林。

這基金會的名稱是？

「藝術支持熱帶雨林」（Art for Tropical Forest）。我們結合了幾個協會和基金會的力量，一起保護熱帶雨林。一些藝廊和藝術家也熱情加入我們的行列，在巴塞爾現代藝術展義賣畫作，將所得捐給「藝術支持熱帶雨林」。

我們那陣子受到熱烈的迴響，感到欣慰又鼓舞，決定積極舉辦有關仍未被發掘的自然雨林的相關活動、音樂會、研討會。

是克里斯多引導您積極投入環保活動？

不是。是當時一股熱情，看到大家的熱情。我很早就致力於環保，我認為環境遭到嚴重破壞，將殃及未來的世代。我們過去數十年有幸生活在美好而乾淨的環境。我們憂心下一代可能面臨的困境，似乎已成了日常生活必須面對的事實。現在很難以有效的方法阻礙我們人類對環境的破壞。這幾年來氣候異常十分明顯。在瑞士氣候的變遷異常，嚴重影響到動物，蔬菜水果價格攀升，冰河因地球暖化逐漸消失。瑞士著名的高山小鎮聖莫里茲（Saint Moritz）山中的石塊過去埋藏冰山裡，如今冰融顯露，可能滾下危及小鎮，聖莫里茲市政府必須花幾百萬瑞郎築防護牆，以防山石滾落。

人類自作自受，危及自己的生活。我們都心知肚明，卻不願放棄我們享受慣的奢華。所有的抗議活動毫無效果。大家都知道什麼是好的：自然的產品、乾淨的空氣，宜人的氣候。自然還是最重要的，甚於藝術、哲學、文學。道理大家都知道，但是要怎麼做？因此我成立了這個基金會，我希望這個基金會能永續堅持下去，即使我們所做的事非常微小，希望能對環境保護有所貢獻，或者至少能讓年輕學子和藝術家關心這個影響我們人類未來的重大議題。

瑞士著名的私人美術館：畢爾勒美術館（Fondation Bührle）**、加納達美術館**（Fondation Gianadda）**、萊因哈特美術館**（Fondation Reinhart）**，您是如何定位貝耶勒基金會美術館？**

完全自成一格……我可以這麼說，貝耶勒基金會美術館像是恆哈特美術館所代表的精神象徵的延續，有著相同的美學觀點，只是我們所展示的作品屬於比較晚期的。畢爾勒美術館介於貝耶勒基金會美術館和恆哈特美術館之間，以印象畫派為主軸，擁有很棒的藝術收藏。至於加納達美術館，創辦人加納達（Léonard Gianadda）在瑞士安靜無大事的羅曼語區設立一個美術館，值得鼓舞，可惜藝術收藏十分有限。我像上述的美術館，依自己的風格努立經營。瑞士邦聯制度的傳統，各地為同個理念各自努力，不會凝聚擴大規模，不同於政府集中擁有權利的國家。

您如何看三十年、甚至四十年後的貝耶勒基金會美術館？

希望美術館能持續下去。美術館的外牆是以阿根庭巴塔哥尼亞一億兩千萬年（沒錯！）的斑岩為建材，堅固耐久。美術館的建築風格應該不會隨著時間而落伍。至於館內的藝術作品，會一直受到喜愛，因為這是很獨特的藝術收藏。三、四十年後，館內的收藏還是一樣，但展示的方式可能和現在非常不同。到時我們可以再增加一兩位藝術家的作品，就像最近我購得基佛（Anselm Kiefer）、羅斯科或是凱利（Ellsworth Kelly）的作品。我們和國立的美術館不同之處，是沒有一定要展示各種不同畫派。貝耶勒基金會美術館首任館長維達利（Christoph Vitali）很明白如何維持美術館典藏的歷史結構。現任館長山姆·凱勒(Sam Keller)以尊重貝耶勒基金會美術館的精神繼續下去。不過,我們不排除日後有這樣的情況發生:一位新的館長上任後,以學科專業為由改變美術館的收藏,因而毀了美術館典藏的美感和品味。或是新的館長在作品擺掛上出了差錯:比方說兩幅古典畫作對比擺掛,一時之間可能很有趣,但時間久了就不對勁,就像蒙德里安和馬諦斯的畫作對比掛著。畢卡索和波洛克的畫作對比而掛,也許還行。

美術館典藏的主流清晰可見,就是立體派和抽象派。然而,您似乎可以增加您所缺少的表現主義畫派,拓展貝耶勒基金會美術館的現代藝術典藏。

我們貝耶勒藝廊率先於 1953 年舉辦了一場盛大的表現主義畫展。如今表現主義的畫作價格高昂,但品質卻跟不上驚人的天價。因此對我而言,非常困難,甚至幾乎是不可能累積優質的表現主義畫派的作品收藏。表現主義畫派描繪的元素即使很精確表現在畫作裡,也不再吸引我了。我尋找的是能超越時代,半抽象畫風的作品。這是美術館創立時的精神,必須傳承下去。如果真有疑問,美術館的主管應該以守成為上策。

那不表示美術館的典藏就此靜止不動了？

不，美術館應該活動變化，但要慢慢來。美術館裡的變化活動是必要的，如此才能讓我們以不同的眼光看待館內收藏的作品。唯有朝聖的場所如教堂，才把畫作保存在相同的地方，多年一成不變。美術館裡作品的擺掛方式也應隨著時間變動，不過一定要慢慢變動。這好比考爾德的流動雕塑作品，堅固但隨時活動，不失考爾德鮮明的個人風格。所以我期盼貝耶勒基金會美術館也能堅固持久，隨著時間轉變，在變化中仍不失本色。

現在您在里恩的貝耶勒基金會美術館雇用了超過一百名以上的員工。規模相當可觀，是不是？

是的，從規模和費用來看，都十分可觀。我很坦白說，這在財務上是很大的負擔。但我不希望求助市政府或是國家的財務支援，如果要尋求資金，比較可能是找企業界，但條件是企業和貝耶勒基金會美術館在藝術典藏的看法十分契合。目前藝廊的收入足以支付美術館的費用。我還能買畫。但是我對未來有點擔心。我必須強調，貝耶勒基金會美術館絕對不要依靠政府的支助。

您有足夠的資金？

未來幾年我們有足夠的資金。但誰知道未來會何如？最理想的情況就是藝廊的營運狀況良好，可以注入資金支援美術館。我的願望就是美術館能持續下去，維持每年展覽的程度。展覽是美術館成功的動力，也是我成立美術館的精神所在。因為我們想展示美的藝術作品，民眾才會慕名而來參觀。

您在美術館展示您的藝術收藏，您對藝術作品的眼光。您與畫作的關係密切，您自己的藝術創作卻不曾在美術館展示。您是如何開始繪畫？

促成我拾起畫筆的原因倒不是我與畫作的關係，而是我與顏色的親密關係。我們是不是該談那些呢？想畫畫的念頭是慢慢醞釀而生。我第一次想畫畫，是在撒哈拉沙漠霍戈爾地區旅行時。我漸漸了解到，當我旅行時，畫畫帶給我無比的平靜和愉悅。探索玩耍顏色的過程使我的眼光更敏感而集中。水彩畫結合了快速創作與清新美感。我完成了一些同樣大小的水彩畫。一開始我的水彩畫裡有保羅·克利、康丁斯基、波洛克的風格。我不否認這些大師級的前輩對我的啟發。接著我慢慢在畫中加入自己的風格和元素。凱利很喜歡我的一幅水彩畫，令我受寵若驚，畢竟這並非我的本業，只是我渡假時或是星期天下午閒來無事的嗜好。畫畫對我個人而言，有如靜坐冥想和創作，背後沒有假象的企圖心；畫畫同時帶給人解放自由和心靈療效。事實上，促成我畫畫的動力是幽默。心情的表白，這才是我畫畫的動力吧！

您倒是曾舉辦過您個人的水彩畫畫展。

喔！其實那算是給我的禮物。在我的藝廊工作多年的紐吉博兒（Claudia Neugebauer），為慶祝我八十歲生日，幫我辦了一次畫展。我的朋友們想幫我慶生，給我一個大禮，問我需要什麼。我心想也許可以義賣我的水彩畫，把所得捐給「藝術支持熱帶雨林」基金會。我以恩斯特·保羅為藝名，避免大家把我的藝術經紀人和業餘畫家的身分搞混了。

您的水彩畫中，我特別注意到有兩幅宗教主題的作品：《火焰裡的荊棘》（*Le Buisson ardent*）、《跨越紅海》（*La Traversée*）。宗教不是現代藝術的主題，而您的兩幅水彩畫卻以宗教為題。您是想透過畫作表達您對宗教的觀點？

《火焰裡的荊棘》和《跨越紅海》都是聖經裡令我印象深

刻的故事，尤其在埃及旅遊時，這兩個故事特別啟發我。馬諦斯曾畫憂傷的大衛王，畢卡索本來應我邀請要在巴塞爾大教堂著手繪圖裝飾工作。宗教存在我們每個人的心中，偶爾浮現，不只是啟發，更是以願望的形式影響著我們。所有真正的藝術都有宗教的影子。畫家喜歡人性中的善，或是行善；畫家常透過創作，表達某種形式的善，因此不需要借用宗教史的主題來強調善意。至於宗教是不是現代藝術的主題？我從來沒想過這個問題。既然您問我，我認為宗教在現代藝術裡比較傾向是被貶抑的題材。魯東許多宗教啟發的畫作，讓人看了不舒服，因為這些畫非常強勢，破壞了觀畫者眼光的自由。政治議題也是同樣的道理。藝術和政治或戰爭毫無關聯，而是和政治與戰爭對峙。但二十世紀的藝術畫作中，有個例外，也是奇蹟，那就是畢卡索的《格爾尼卡》。

您獲得巴塞爾大學的榮譽博士學位。在法國您於 1985 年獲得文化騎士勳章，接著 1988 年獲得榮譽騎士勳章。接著 2003 年您在西班牙也獲得終生成就榮譽獎章。可否談一下您獲得這些榮耀的感想？

很開心，一開始覺得這真是特別的時刻。但之後就不想要這些榮譽獎章。我們曾經歷困難和挑戰，我們努力證實自己的能力，我想這就夠了，不需要錦上添花。巴塞爾對我肯定，我就很滿足。我愛巴塞爾的人文氣息、特有的嘉年華會、大膽、精神、創新和奇想，總而言之，我愛這小城的一切。巴塞爾沒有美麗的湖泊，但有萊茵河經過，使我們的眼光隨著河流到大海，到永恆。我唯一最大的滿足就是我達成了任務。我踏入這個行業時有六千瑞郎的負債，如今我留下一個美麗的美術館，館內有無數二十世紀的經典畫作，每年吸引超過三十五萬人前來參觀。對我個人而言，最美的讚美是一些來自慕尼黑、巴黎或是其他地區的平凡民眾，告訴我這是他們第六次或是第十次造訪貝耶勒基金會美術館，而每次參觀美術館後，覺得自己很不一樣。這對我是最具有意義的，激發或是提升對藝術的興趣。訪客離開美術館覺得受益良多，提升了視野，這比那些優美的讚詞更令我感動。有時我後悔沒有把美術館建大一點。但退一步想想，我已盡力感動人們，這就夠了。我是不是回答您所有的問題了？今天天氣這麼好，我們出去走走吧！

位於里恩的貝耶勒基金會美術館，除了令人讚嘆的永久展示典藏，貝耶勒舉辦過不少展覽。貝耶勒基金會美術館永遠在變動著，絕非一成不變，多年來對品質有極高的要求，使得低調的貝耶勒成為現代藝術重要的見證。

總結

最初的熱情，終生的成就

貝耶勒基金會美術館開幕至今多年，深獲好評，如同貝耶勒的名字，成了品質的代名詞。無論接待、展示的作品、作品的擺掛方式，或是展覽，不僅吸引愈來愈多的民眾，也讓他們參觀美術館之後還想再回來。

貝耶勒基金會美術館面積不大，很快就能熟悉館內的每個角落，像是自己的家一樣。瑞士收藏家芭比耶－穆勒(Monique Barbier-Mueller)如此寫著：「許多人和我有同樣的感受，貝耶勒基金會美術館如同文化的綠洲，讓我們得以充電，觀賞優質的作品，重新找回藝術的本質。貝耶勒基金會美術館的整個環境和氣氛，讓我覺得站在美術館的大門前，就被溫暖的雙臂擁抱。這突然的寧靜，和都市的喧囂熱鬧，是截然兩個不同的世界。在這謐靜的氣氛中，我們感到舒暢，順著斜坡很自然走進展覽館。」

2007年為慶祝貝耶勒基金會美術館開幕十週年，舉辦了一場別開生面的藝展「另一個典藏」(Die andere Samlung)，匯集了貝耶勒曾擁有之後賣出的藝術作品，回顧這些年來貝耶勒對藝術的眼光。可惜這次的展覽和目錄都無法完全呈現貝耶勒這些年來曾經手的藝術作品，估計約有一萬六千件作品！有些畫作甚至被賣了三次。如今回顧過去，貝耶勒是否有遺憾？

貝耶勒：當然有遺憾。當我們舉辦了馬諦斯的特展，其中《戴著黃色手環的女人》（*la Femme au bracelet jaune*），我曾兩次擁有這幅畫作。再看到這幅作品，我很後悔當初沒有保留這幅畫。

莫里：在您眼中如此重要的畫作，又為什麼割愛？

因為需要資金。這就是藝術經紀人常處於兩難的局面，一方面需要資金，另一方面又很想留下畫作做為自己的收藏。我試著遵守一個不成文的規定，就是買兩幅畫，只轉賣一幅，另一幅留給自己。話是這麼說，做為藝術經紀人，很難只賣出我自己不想保留的藝術作品，這表示我背著客戶把好的作品做為私藏。不，我當然不會這麼做，我堅持要賣給我的客戶們優質的藝術作品。在藝術市場的領域，即使我們努力掌握一切，藝術作品的買賣，卻常受機緣的影響或是受制於不可預知的變化。

是否有些藝術家是您當年忽略錯過，比您之前想像還要重要的？

雷捷。我當年對雷捷的作品有興趣，因為當時價錢還不太貴，還算容易買到。可惜我從未見過雷捷本人，都是透過傑出的藝術經紀人坎維勒付現金購買雷捷的作品。更多時候我是透過另一位法國的藝術經紀商卡何(Carré)買雷捷的作品。和法國人做買賣生意很不容易,因為他們常摻雜私人恩怨,如果和他們意見相左,一點芝麻小事也會鬧得很大。我和卡何沒辦法當朋友,他總是要佔上風,指揮一切,而且很直接讓你知道他就是這樣。法國重要的藝術經紀人不僅互相監視,眼紅吃醋的事是家常便飯。坎維勒是個例外,他總是以寬容開放的心談他經手的藝術家。他真心喜歡他的藝術家和他們的作品。我向坎維勒買了很多畢卡索的作品。很奇妙的是,我和坎維勒之間,比較像是收藏家和藝術經紀人的關係,而不是藝術經紀人對藝術經紀人的關係。對坎維勒而言,我是個客戶,就這麼簡單。至於在美國,我沒有被貼任何的標籤,我努力拓展美國的領域,從沒有任何緊張關係。也因為在法國一些緊張的關係,我錯過了一些藝術家,雷捷就是一個例子。現在雷捷的作品是被低估的。他的作品象徵藝術史的一個時代,時至今日,他的作品仍具清新的美感。比如說雷捷1913年的畫作《扶手椅上的女人》(*la Femme au fauteuil*)。這幅畫曾讓很多女人很震驚,到現在還是,應該說即使在今日,很多女人還是很不欣賞這幅畫。我太太一直想把這幅畫賣掉,但我堅持留著,因為這也是一個坐著的女人肖像,就像畢卡索1944年的朵拉畫像的靈感來自塞尚的《坐在黃色椅子上的塞尚夫人》。畢卡索的朵拉畫作的靈感來自三十年前塞尚的這幅畫，是顯而易見，但我不能斬釘截鐵說雷捷這幅畫的靈感也是來自塞尚的作品。不過兩幅畫都是從同個角度畫起，只是雷捷在人像周遭加了一些附件：畫的背景有壁爐或是廚櫃，畫面的最前方是一張圓桌上有茶杯和書冊筆紀。這幅畫沒有什麼愉悅感，倒是流露著霸氣的雄風。在線條形狀的表現上，畢卡索的畫作比較女性化，雷捷則把人體切割如機器人般。話說回來，雷捷在 1913 年畫了這幅畫，當年的時代背景就是線條形式的解放，自由展現，今日看起來頗耐人尋味。總而言之，雷捷這幅畫是典藏中重要的畫作。在女人坐著的系列畫作中，絕不可忽視雷捷的這幅畫作。雷捷擅長以圓柱的形狀做為藝術的表現。如同所有傑出的藝術家，雷捷在藝術創作並不局限於圓柱形式的表達。至少在所有我喜愛的雷捷作品中，沒有自我局限的問題。

您認為哪些藝術家局限於自己的藝術創作表現？

杜布菲，一旦創作了「烏路波」，就困在裡面出不來了。還有畢費（Benard Buffet），很有強烈的風格，卻從此一成不變。如果誇張點說，我還想到喬治·馬修（Georges Mathieu），以天才般的直覺畫出抽象的畫作，但之後可以重複一千遍相同的室內裝飾畫作。那是時代的潮流，我並不是要批判裝飾用的畫作，馬諦斯或是畢卡索也出品不少這樣的畫作，但每幅畫都保有絕佳的意境。

不是有些人也如此批評羅斯科嗎？

那是貶抑他的人這麼說。羅斯科則很生氣。有一天有人跟他訂了畫作要掛在飯廳。當羅斯科知道他們訂畫是用來當擺設裝飾用，毅然毀約。這可是非比尋常，他先是接受合約，當他發現別人看畫的眼光和他畫中想傳達的精神完全不來電，他就後悔退出。羅斯科的畫並不容易懂，必須透過眼光、感觀甚至整個身體，才能融入他顏色繽紛的畫境。

法國的「新寫實主義派」(le Nouveau Réalisme)**，在藝術理念的探索追尋是很重要的一派。您不曾對「新寫實主義派」的藝術作品有興趣？**

「新寫實主義」本來可以是我的收藏，但我卻錯過了。當年我可以感受到雷斯塔尼(Pierre Restany)潛心研究出的藝術理論十分重要。我當年倒是沒有意識到他和「新寫實主義派」志同道合的朋友們如克萊恩(Yves Klein)、阿爾曼(Arman)、塞撒(César)、雷諾(Jean-Pierre Raynaud)在回應安迪·沃荷的普普藝術時，發展出強而有力的藝術浪潮。當時我忙著處理與湯普森的交易，而且我繼續專心收藏畢卡索的作品，畢卡索是獨一無二的藝術家，因此絕對是藝術典藏的必要選擇。

「另一個典藏」展示的作品，有哪部分是賣給私人收藏家？哪部分是賣給美術館的？

我賣畫給私人收藏家多過於美術館，一來私人收藏家比較多，二來藝術作品一旦賣給美術館，表示不會再回到我的手裡。如果是賣畫給個人，我們總懷著希望有一天賣出去的作品可能透過交換或是轉賣，回到我們的身邊。賣畫給美術館比較麻煩，時間拖得比較長，因為總是要花很多心血準備所有的檔案文件，交給美術館購畫委員會審查。至於私人收藏家，我們幾乎都認識，都有不錯的交情。我們很清楚每位客戶的喜好，了解每位客戶藝術品味隨著時間的轉變；伴隨著每位客戶是十分有趣的探索。我們之前提過溫特杜爾的燙衣女工，她對藝術作品直覺的眼光，精準無疑。除了交情外，藝術經紀人和客戶之間的共同點就是對藝術的愛好。

放眼全世界，哪個國家最吸引藝術經紀人？

以地理鄰近關係來看，我賣很多作品給瑞士人、德國人、法國人、義大利人。如果就歷史的眼光來看，尤其是與湯普森的交易，我和美國人做了不少藝術作品的買賣。晚一點是亞洲人，是因為藝評和被我們展出作品的品質吸引而來。傳統上日本並沒有藝術作品的買家，日本買家愈來愈懂得如何買藝術作品，不過他們比較是針對特定的藝術家（而非針對某個時期）特別有研究。當時很多藝術經紀人賣出很多藝術家簽名的畫作，不太考慮畫作的本身，這樣的作品通常是賣給剛進入藝術收藏領域的新手，他們只對有簽名的畫作有興趣，不然就是賣給不管畫作品質美感的投機客。

全球化的策略是現今藝術市場成功的關鍵。如果您年輕一點，會怎麼做？

我如果還年輕，我會去上海或是莫斯科舉辦藝術展覽，就像當年我在美國舉辦展覽賣出湯普森的典藏。當然，當年在美國的展覽並沒有成功，但打響了知名度。我必須說明的是，在 1960 年代，巨大財富的累積和收集現代藝術的熱潮並未同時發生。而現在您看羅斯科的作品在藝術拍賣會上狂飆的天價，透過網路任何訊息馬上可以傳到全世界，我不禁想如果年輕二十歲，還真的大有可為。不過從另個角度看，藝術作品交易的過程愈來愈繁瑣，從關稅、保險費用、交通，很多事要打點。光是辦一場展覽，從說服私藏家借畫到最後的展覽的細節，不是那麼簡單，而費用十分驚人。現在的傳播管道比以前容易，但行銷管道卻更複雜。時代不同了，要因應時代潮流運用不同的方法。我想我不再年輕了，沒有精力去研究新的方法。

看了您曾收藏又賣出的作品後，哪位畫家勝出？

馬諦斯。我曾擁有很多馬諦斯的作品。這呼應了我對畢卡索作品的熱愛。雖說馬諦斯與畢卡索的畫風不同，卻相互輝映；兩人沒有緊密結合，卻進行著永恆的對話，如同某年的夏天與布拉克之間親密的藝術對話。馬諦斯的一幅畫作《粉紅大理石桌》(*La Table au marbre rose*)，如今在紐約現代美術館裡，是經典的畫作。我保留這些年的剪報。還有馬諦斯的《藍色裸者》(*Le Nu bleu*)，在藝術表現上具有象徵意義，以極簡的線條表現出極致的美感；簡單的一條線，一筆勾畫出美麗的女體。蒙德里安 1912 年的畫作《尤加利樹》也有同樣極簡手法，細長的線條，韻味十足。《藍色裸者》從胸部、雙腿到長髮，一切精確到極致，活動的藍色身體與黃色背景呈鮮明的對比。面對這些作品,解釋都是多餘的;完美的和諧感超越了畫的意涵。再簡約不過的手法,卻是完美的呈現。

貝耶勒藝廊的展覽似乎比較少了。不過您一直有些計畫……

我們在藝廊展出畢卡索在 1962 年從加州搬到法國南部慕然其中一個箱子裡的素描。這個箱子後來才被發現。是畢卡索忘了這箱子嗎?為什麼畢卡索完全不理會這箱子裡六十張很美的素描,至今仍是謎。這些素描價格不高,每張平均三千歐元,三分之一的素描在展出幾天內就被買走。這些素描有各種不同的主題,有些很明顯影響到他後來的作品,當然也包括他著名的牛頭人身米諾托怪獸,有些素描就是海灘的景致、小孩的模樣,他自己的小孩。這是夏天的小規模展覽。接著我們展出貝爾克(Bernd Pelke)的作品,貝爾克是我們附近地區的畫家,創作有抽象風格的風景畫作,在德國名氣很響亮。接著我們要辦杜米埃(Honoré Daumier)的特展。

杜米埃不是在您收藏的領域。

杜米埃屬於我們藝廊歷史的一部分。藝廊前身的書店老闆史洛斯對杜米埃有濃厚的興趣。愛書的人都愛杜米埃。

他幽默誇張的手法讓他的人物十分鮮活，像是在巴爾札克（Honoré Balzac）或是喬治·庫特林（George Courteline）的小說裡的人物。我是從這個領域起家的，我想往品質更好的畫家——哥雅（Francisco Goya）發展。

我們的訪談中你不斷提到「品質」。而品質也正是外界對您的印象。您如何為「品質」下定義？

在畫作方面，我心中的品質，是綜合形狀、顏色、表達訊息的強烈程度，呈現的一切。畫的結構要能激發出靈魂。比方說畢卡索的畫作豐富到極致，令人嘆為觀止。畢卡索真是獨一無二的藝術家。至於雕塑作品，形狀還有空間所激發出的感覺，是品質評鑑的標準。雕塑作品愈能在周遭創造出空間，就愈令人感動。每一件雕塑作品都有靈魂；我們在觀賞雕塑作品的同時也在尋找其靈魂所在，缺乏靈魂的雕塑，就純粹是裝飾擺設用。

可惜，品質愈來愈難尋，令人不禁感嘆古典的藝術愈來愈稀少，而且消失速度之快，就像現今社會愈來愈難找到專精的老師傅一樣。因此我們只好寄望在年輕的藝術家，可惜年輕的藝術家在快速變遷、工業化生產下迷失了。我們總有「什麼都過多」的感覺，過多的劣質品、速成而不成熟的畫作。一旦我們找到品質，過多的感覺即煙消雲散；品質才是主宰一切的關鍵，指引新的方向。年輕一代的藝術家，裝飾作用的畫作似乎成了主流，很容易迷失其中，真是可惜。裝飾作用的畫作很受歡迎，卻很難持久。

您對品質的要求也同樣用在作品的擺置上。具體來說，這背後的動機何在？

我們應該對藝術家和其作品致敬，因此盡可能以最好的方式展示作品。除了這考量外，我一向熱愛藝術作品的擺置工作，在空間、光線和其他作品之間的距離（無論作品是來自同一位藝術家與否）玩味拿捏。從我們藝廊舉辦的第一次展覽開始，我就試著以對比或是互補的方式，讓兩件藝術作品能互相輝映，我們總可以達成層次的和諧感。兩件作品對比擺置，可能分出高下，尤其是其中一幅畫作始終保持清新美感，完全佔上風。對比擺置兩幅畫作有時會出現令人意想不到的對峙感。

這是科學理論還是經驗之談？

這是偶然的結果。您看我們現在就站在藝廊裡的一個展覽室，這是我多年前請人挖建，用來展示大幅的畫作。目前我們看到展示的四幅畫作，一幅水中蓮花倒影的畫作，是莫內晚期的作品，兩幅是基佛水中花的畫作，還有這幅馬諦斯的大幅畫作。這四幅畫作掛在一起，比起四幅畫作分開掛置，更有詩情的美感。基佛的兩幅畫作已售出，好好觀賞，您再也不會有機會看到基佛的兩幅畫掛在馬諦斯作品的對面，或是莫內作品的旁邊。這就是我所謂的短暫詩情的奇蹟。

所有的藝術展覽（包括您剛舉辦的展覽）都是如此？

我們從藝廊開始，接著是1997年美術館開幕以來，我一向把所有的作品安排擺置成巨大的藝術作品。在一些美術館裡，常常一切是靜止不動。但是在這裡，我們常觀賞到我們再也看不到的現象，這正是展覽奇妙之處，也許也因為我們在展示藝術作品特別用心大膽。總而言之，刻意把一些作品擺置得很接近，無論是畫作或是雕塑，讓畢卡索看到我們的用心和努力。畢卡索定期收到我們藝廊的目錄，留下深刻的印象，後來才會邀我去他的工作室挑選我喜歡的作品。在藝廊我們可以掛八十幅畫作，在美術館可以掛約兩百五十幅作品。對我而言，是很興奮的事。

在美術館安排擺置作品，就像是歌劇院的舞臺設計一樣：

我們不能讓作品失色，而是彰顯作品，以最清晰的方式將作品呈現在大眾面前。自然的光線對藝術作品非常重要。美術館的建築師皮亞諾很明白這一點。所有的藝術作品隨著光線的流轉而變化，展示的作品常因光線的流轉有新的明亮感。這在考爾德／米羅聯展時特別明顯，因為流動雕塑作品隨著光影明暗的遊戲中和緩變動著。

您喜歡運用門框的設計、隱密的角落，還有窗戶。

為什麼不呢？建築必須襯托藝術作品的價值才對。我們可以把某個作品放置在某個角落一段時間。我們在藝廊曾展示過羅斯科的作品。若您在第二個展覽室，會看到一幅畫作剛好在門框之內。您如果有機會再回來，就再也看不到這樣的畫面了。若再往前走，您會發現兩幅畫作。作品的擺置安排，會影響參觀者的節奏、平靜的氣氛或是令人驚訝的感受。

您喜歡畫作搭配雕塑。

當畫作和雕塑能相互呼應時，是這樣沒錯。原始藝術對現代藝術有很大的啟發：非洲藝術啟發了畢卡索，馬諦斯深受大洋文化的影響。畢卡索在 1905 年參觀巴黎的人類博物館，發現了黑色非洲這偉大的藝術表現方式。因此把黑色非洲藝術的雕塑作品和畢卡索的作品搭配一起展示，十分契合。

哪類的雕塑作品可以擺置在康丁斯基的抽象畫面前？

我們可以嘗試奇里達（Edouardo Chillida）、利普契茲或是考爾德的雕塑作品。不過好像不盡滿意，就怕有點像裝飾意味，如此一來對作品也缺乏敬重。康丁斯基背景來自歐洲（俄國和法國），也受到北非文化的影響，但是沒有接觸到原始藝術。很重要的是，作品不能落得裝飾的角色。印象畫派有幸避開這個陷阱，而在立體畫派之前，畢卡索就極力避免畫作淪於裝飾作用。任何藝術作品都有這樣的潛在危險：一開始驚喜的發現，後來每況愈下，藝術形式拘泥不動，失去昔日的光采。

您認為最大膽的擺置安排方式是？

我們曾多方嘗試。比如說在「另一個典藏」展覽中，有一間展覽室是混合搭配培根和賈克梅第的作品。這是前所未見的，但如此的安排並非出於偶然。

現在有什麼是令您驚喜的事？

現在沒有任何事物令我驚喜。時代改變，一切變得快速方便，我也感受到現代生活的便利，這是好事。但是如果我們不能掌控得當，可能陷入脫序的危險。無論任何時代，要求品質是絕對必要的。從另一個角度來看，人類的輕忽破壞了我們生活的環境，令人感嘆。

您認為藝術家能拯救地球嗎？

塞尚曾說過：「藝術是與自然平行的和諧。」在藝術的領域，塞尚重新創造了一切（在這裡我不會說把一切重新變得美好）。身為藝術人，面對啟發我們的來源，我們責無旁貸。我們同樣有責任維護自然原始之美和地球生態的平衡。您知道嗎？當我看到參觀美術館的民眾，在看完藝術作品離去時滿心歡喜，我常想我們是否讓大眾意識到我們有義務保護自然免於破壞，另一方面盡我們的義務保存啟發心靈的來源。如此也許可以避免我們漸漸陷入一個藝術不再存在、人文精神不再、自然不再自然的世界。只要我們相信，我們願意這麼做，盡我們綿薄之力，期盼能把啟發我們的靈感世世代代傳承下去。畢竟什麼啟發我們的靈感來源？美感？不是。和諧感？不是？清新感？也許吧。

Crédits photographiques

Niggi Bräuning, Bâle : p. 222
Clerc, Allschwil : p. 190
Comet, Zurich : p. 54
Loretta Curschellas, Zurich : p. 118
Vera Isler, Bâle : p. 142
Benjamin Katz, Cologne : p. 62, 88
Ben Ludwig : p. 78
Margulies Fotodienst, Düsseldorf : p. 68
Jacqueline Picasso : p. 100
Dolf Preisig : p. 114
Peter Schibli, Bâle : p. 14
Wolfgang Volz : p. 200
Kurt Wyss : p. 26, 36, 128, 172, 180
D.R. : 42, 94, 108, 162

Art Market 10

貝耶勒傳奇
——巴塞爾藝博會創辦人的藝術世界
Ernst Beyeler: LA PASSION DE L'ART

作者／莫里（Christophe Mory）
譯者／李淑寧

編輯／賴文惠
校對／陳語潔
封面設計／王新宜
內頁設計排版／陳玉韻
行銷企畫／黃鈺佳、王美茹

發行人／簡秀枝
出版者／典藏藝術家庭股份有限公司
地址／104 台北市中山北路一段 85 號 3 樓
電話／886-2-25602220 分機 300、301
傳真／886-2-25679295
網址／www.artouch.com
戶名／典藏藝術家庭股份有限公司
劃撥帳號／19848605

總經銷／聯灃書報社
地址／103 臺北市重慶北路一段 83 巷 43 號
印刷／崎威彩藝有限公司
ISBN：978-957-9057-61-5
初版／2020 年 3 月
定價／340 元

國家圖書館出版品預行編目 (CIP) 資料

貝耶勒傳奇 / 莫里（Christophe Mory）著 ; 李淑寧譯 . -- 初版 . -- 臺北市 : 典藏藝術家庭 , 2020.3　面；　公分 . -- (Art Market 10)
譯自 : Ernst Beyeler: LA PASSION DE L' ART
ISBN 978-957-9057-61-5（平裝）
1. 貝耶勒 (Beyeler, Ernst) 2. 傳記 3. 藝術市場
489.71　　109002048